登峰稻极

黄河口稻作文化

郭西森/张晓彤/褚怡 编著

中国农业科学技术出版社

图书在版编目（CIP）数据

登峰稻极：黄河口稻作文化 / 郭西森，张晓彤，褚怡
编著 . — 北京：中国农业科学技术出版社，2020.8
ISBN 978-7-5116-4914-0

Ⅰ.①登… Ⅱ.①郭… ②张… ③褚… Ⅲ.①水稻栽
培—文化史—东营 Ⅳ.① S511-092

中国版本图书馆 CIP 数据核字（2020）第 144683 号

责任编辑 穆玉红
责任校对 李向荣

出 版 者 中国农业科学技术出版社
　　　　　 北京市中关村南大街 12 号　邮编：100081
电　　话 （010）82109707 82106626（编辑室）（010）82109702（发行部）
　　　　　 （010）82109709（读者服务部）
传　　真 （010）82106626
网　　址 http://www.castp.cn
发　　行 各地新华书店
印 刷 者 北京富泰印刷有限责任公司
开　　本 710 mm×1 000 mm 1/16
印　　张 12
字　　数 160 千字
版　　次 2020 年 8 月第 1 版　2020 年 8 月第 1 次印刷
定　　价 68.00 元

米有良知，方可为粮。

黄河尾闾，登峰稻极。

序

脚下的母亲河

给了我们自强不息的灵魂

面前的黄渤海

召唤我们精进不息的梦想

把每一个领域的世界级加在一起

就是复兴的中国

我们的梦想很小

小到种好一粒好吃的大米

我们的梦想很大

大到培育中国的世界级大米

目　录

黄河口水稻的一生

璞玉还需再雕琢

进阶大米食味狂魔

稻作起源神话的隐秘宝藏

1

敬天惜物：热爱始于灵魂

　　黄河口的老派稻农认为，稻米的灵魂寄藏于飞鸟的身体里，尤其是飞经稻田、驻足稻田的海鸟。驱赶鸟类在这里被视为禁忌。你在黄河口的稻田里很难看到稻草人，因为那样会"吓跑稻米的灵魂，造成谷粒干瘪、粮食减产"。

　　大地是如此深沉，满含无尽悲悯。但有所需，尽皆奉上。

　　在黄河口，河水倒灌形成的土壤盐碱积集，使得地力贫乏，稻作单位面积产量令人惆怅。单产低，就需要更多的耕作空间。于是大地女神派她的长女——雄浑的黄河之水，裹沙东进，夜以继日，以每年2万亩以上的速度填海造田。随黄河水奔流5464千米而来的，除了造田之沙，还有神奇的有机质与微量元素，这些集"九省土地精华"之大成的精灵隐匿于大河息壤处，以阳光为曲，以耕作为诗，以鸟翔为舞，谱就了黄河口稻米独特的灵魂特质：

　　　　晶莹洁白像海鸟的鸣叫

　　　　淡淡幽香如新月抚水

　　　　滋润幼滑好比孩童的脸蛋儿

　　她是如此美丽，以至于使用枯燥的理化性状描述，将是一种俗气的冒犯。

　　美到极致，便是神话。

　　如果不是热爱到炽烈，稻作就不过是农夫与大地的一场交易，农夫付出稻种和肥料，大地偿付成熟的稻米。如果对大地毫无崇敬之心，只为私欲攫取，终将摧毁人与自然、稻作与灵魂对话的通道，结果是无论采取何种"多快好省"的耕作捷径，也永远注定无法栽培出登峰造极的稻米。

　　因为，大地是诚实的。不悟此道，莫入农耕之门。

　　如果不能"一粥一饭当思来之不易，半丝半缕恒念物力维艰"，仅仅把稻米看作是一种提供热量的碳水化合物，随手可得，你将始终无法品味到她本真的喜悦。失去虔敬的浮躁之心，会使人对食物的感触力衰弱，乃至归零，自然也就无从谈起感受。是所谓漏掉了"福气"。妈妈做的饭最好吃，每一粒稻米，又何尝不是大地母亲亲手奉献。

　　让心沉静下来，敬天惜物方能知行合一。幸福，始于一饮一啄。

　　说教难免枯燥，"敬天惜物"需要通过神话寓教为乐。

　　在以稻米为主食的地方，从黄河口到云南边陲，从中国到日本，从泰国到印度，东亚、东南亚、南亚的广袤大地上，关于稻作起源的神话俯拾皆是，并由此衍生出各具特色的祭祀仪式、地域风俗、民族文化、饮食艺术，可谓"稻"生万物。然而不论哪种神话，都有着落雪为禅般的美感，饱含对稻作文明的无上崇敬，对乡土自然的无比珍视，对幸福生活的无限憧憬。

　　正如马克思那句充满洞察性的名言："任何神话都是用想象和借助想象以征服自然力，支配自然力，把自然力加以形象化……是已经通过人民的幻想，用一种不自觉的艺术方式加工过的自然和社会形式本身"。稻作神话的梦幻外衣下，隐藏着先民教化育人的悲智，满含光明与至德。

赋予稻米灵魂，并将其人格化，是所有稻作神话的开篇原点与点睛之笔，甚至可以理解为人对稻作是真诚热爱还是虚情假意的分界线，人对自然是穷极私欲还是敬天惜物的分界线。因为所谓炽烈的热爱，一定是灵魂与灵魂之间的交织融汇。如果稻米以及自然万物没有灵魂，人类对她们的热爱又从何而来？那么稻作文明，就不再是人与自然的深切拥抱，而是农夫与大地的交易。

在黄河口稻作神话中，稻米的灵魂来自于"龙鳞化生"；在云贵高原一带，稻米不仅像人一样有着灵魂，还有着专属名称，如独龙族称呼稻米的灵魂为"布兰"，佤族则称为"司欧布"。稻米有灵魂的传说，不仅流传于我国，在东南亚国家同样广为盛行，如印尼人认为稻米的灵魂住在谷仓，泰国人将稻秆制成的玩偶作为谷魂的栖身之所，伊班族人认为粗暴的脱粒方式会冒犯谷魂，而"谷魂说"在老挝北部被推向极致，当地种植旱稻的拉美人认为在所有的植物当中，只有稻米有灵魂。

黄河口的老派稻农认为稻米的灵魂寄藏于飞鸟的身体里，尤其是飞经、驻足稻田的海鸟。驱赶鸟类被视为禁忌。你在黄河口的稻田里很难看到稻草人，因为那样会"吓跑稻米的灵魂，造成谷粒干瘪、粮食减产"。

直至今日，在东营市垦利区永安镇、黄河口镇一些村落，捕杀稻田里的鸟类、捣毁稻田周边的鸟巢仍被视为等同不孝父母、大逆不道的暴行，会给家人带来霉运甚至灾难。如果有人不懂得这些，看到白鹭在稻田里悠哉游哉地散步，如果玩笑地问一句"这种鸟的肉应该很好吃吧？"当地人听到，脾气柔和的会心有不快但沉默不语，脾气暴躁的则会勃然大怒，当面呵斥。

黄河口的老派稻农如是说，"世上这么多活物，自有老天爷的道理。是活物都有命，都得吃食，你不能光顾自己。"稻农朴素的话语里，隐含着大道理。

天上的飞鸟昆虫，地上的青蛙河蟹，地下的蚯蚓田鼠，凡此种种，皆是大地母亲的子民，它们与稻田共同组成和谐互利的生态系统，即使是"害虫害鸟"，也有其存在的价值。而人作为"天地之中"，首要的职责是尽力维护这个系统的平衡和稳定，其义在于"敬天惜物"，即对取用地力以求农事丰收常怀虔敬之心，敬畏自然，取法自然，以稻作致良知。

人类可以在维护稻田生态平衡的前提下，通过合理抑制减产要素以求丰收，但没有对任何物种生杀予夺的权力。而食物链的宽度和广度，决定了大自然及稻作生态系统的稳定性。

现代农耕，如果仅仅为了追求产量，肆意使用剧毒农药，杀光了昆虫、田鼠，也就杀死了青蛙、鱼蟹，以鱼蟹昆虫为食的飞鸟随之湮灭，短期内看似稻作增收，但不可逆转的隐患在于大自然食物链环节的缺损，使得稻田生态系统快速衰弱、恶化、崩塌，最终反噬稻作与人。

《道德经》有云，"常有司杀者杀，夫代司杀者杀，是谓代大匠斫（zhuó），希有不伤其手者矣。"即大自然的常态是万物相生相克，生死荣枯自有其运转规律，如果人为杀伐（代大匠斫），打破了这种规律，人必反受其害。

地球正饱受过量使用农药的折磨，而这个恶果要所有人承受，即使是远离耕作的人。你有没有发出过这样无奈的感慨："现在的大米没有从前的味道了。"——那种"从前的味道"不正是稻米的"灵魂"吗？生态系统的崩坏，最直接的结果就是让稻米失去灵魂。

守护住"从前的味道"，从对稻米灵魂的崇敬与疼爱开始。不同的地域方式各有不同，在西南少数民族群落那里，是名目繁多、仪式隆重的"叫谷魂"祭祀活动；在东南亚村落里，则表现为使用藏在手心的小刀轻轻地割断稻穗，赤脚踩穗脱粒，从谷仓取米时的庄重肃穆。而在黄河口，则是传统稻农互相攀比谁家稻田里的鸟儿多。这些不甚为常人理解的行为，实则正是稻作神话隐秘的宝藏——"敬天惜物"，心口相传的智慧，以其经典直至今日和未来仍然适用。

2

取法自然：稻作神话的人间映射

与其他历史悠久的稻作带一样，黄河口同样流传着稻米起源的神话。传说人们正在黄河入海口沿岸收割芦苇，忽然一条金光闪闪的巨龙从水中腾空而起，直窜云海，龙身上掉下来一片龙鳞，后来这件宝物飘落到芦苇荡，人们纷纷寻找，结果发现一株金灿灿的稻穗，黄河口的稻作文明由此开启。

从稻米灵魂的传说铺陈开去，关于稻作起源的神话逐渐汇流成海，各个国家和地区都演绎出独具民族特色的故事版本。

在汉族神话中，是牛头人身的炎帝神农氏创造出五谷的驯化种（自然也就包含了水稻）和农具，并教给人们耕作的技艺。另一种说法是盘古开天，造化万物，但记述盘古最早的典籍《三五历纪》成书已至三国时期，不够久远，因而不予采信。

独龙族说稻种是天神将女儿下嫁人间时的"嫁妆"，相似的版本有四川藏族和纳西族的传说，细节略有不同，但大意都是天女执意要与人间少年结婚，被逐出天庭时带回了水稻原始种子。拉祜族说稻种由天庭的仙女撒向人间，类似的传说同样在仫佬族、侗族、白族、高山族、普米族之间流传，尽管版本各不相同，但故事的梗概和核心都是稻种本是天神掌管，由于某种原因被带来人间，而且一般都有天神震怒的情节，即使不到震怒，也是"老不情愿"。

炎帝部落的兴盛，正处于从母系氏族到父系氏族过渡的时期，两种社会形态的核心差别在于婚配制度，粗浅的划分，前者是"入赘式"，后者是"出嫁式"。驯化稻种和耕作技术，作为那个时代"最尖端的核心科技"，随着部族女子的出嫁被带到了"迎娶"她的部落。而部族之间或多或少存在竞争关系，"核心科技的泄露"自然会威胁本部落的利益，引发部族长老的不满；如果流布到世仇部落，部族长老一定会"天威震怒"。

试着将"天庭"换成"部落"，"天神"换成"部族长老"，以上神话似乎找到了映射的人间原型。要知道，直到十八九世纪，意大利人仍将带壳稻种作为"国家机密"禁止出口，让异乡人杰斐逊苦恼不已；甚至直到今日，泰国茉莉香稻谷（种）也在禁止出口之列。

在另一大派系的神话故事里，龙、老鼠、狗、猪、鸟、鱼等动物成为主角。如东营黄河口水稻起源于"龙鳞化生"的民间故事，传说人们正在黄河入海口沿岸收割芦苇，忽然一条金光闪闪的巨龙从水中腾空而起，直窜云海，龙身上掉下来一片龙鳞，后来这件宝物飘落到芦苇荡，人们纷纷寻找，结果发现一株金灿灿的稻穗，黄河口的稻作文明由此开启。

再如广布于中国云南、四川、湖北、湖南、江苏的传说，在世界遭受大洪水以后，所有食物尽皆毁灭，天神怜悯人类，于是派遣各类动物为人类运送稻谷，但只有狗成功完成任务。当狗在激流中游泳前进时，身上所携带的稻谷逐渐被水冲走，只有寥寥可数的几粒因为粘在尾巴上保留了下来。

在印度水稻起源地阿萨姆，为人运来稻谷的动物由狗变成了老鼠；在越南、柬埔寨、印度尼西亚、菲律宾等地，"动物搬运天使"不再是狗和老鼠，而是变成了牛、鱼、蛇、猪、公鸡、神鸟、猴子等等。

这些神话能不能在人间现实找到原型？

《易经·系辞下》记载"包牺氏没，神农氏作……日中为市，致天下之民，聚天下之货，交易而退，各得其所。"意即伏羲氏的时代结束后，神农氏兴起，他规定每天中午为集市交易时间，招来天下百姓，聚集天下货物，以物易物后退市，让人人各取所需。说明早在农耕文明初期，以物易物已然兴起。

从渔猎文明到农耕文明的跨越不是一夜之间，而是两种文明长期共存，逐渐过渡。在漫长的共荣时期，有的部族擅长驯兽渔猎，有的部族则擅长五谷耕作，双方在"集市"以物易物，那就极有可能是狗、猪、鸡、蛇、鱼与稻谷之间的交换。经过漫长的口口相传，幻想的渲染不可避免，最初用狗换来稻谷种子的部族，就会说"稻谷是狗搬运而来"；用猪换来种子的，则会说"稻谷是猪搬运而来"……

让我们还原一下集市交易的场景：两个部族在激烈地讨价还价，为了换取一袋稻谷，买方部族先后"支付"了公鸡、蟒蛇、鱼虾、野兔，卖方部族始终不同意报价，直到买方支付了一条机灵健壮的狗，双方终于达成交易。这会不会是"天神派各类动物为人类运送稻谷，但只有狗成功完成任务"的人间原型呢？大有可能。

沿着这个故事推演，结合古已有之的"鲤鱼化龙"传说，黄河口水稻起源神话似乎也能找到映射的原型。或许，在最初的最初，黄河口的先民是用一条巨大无比的黄河鲤鱼换来的第一批稻谷种子。

3

文化升华：稻作原始崇拜的超越

> 东营黄河口文化的祖脉在于"大河息壤，河海交汇"。生态湿地是其"灵"，万鸟齐飞是其"魂"，广袤豪迈是其"风"，兼容求新是其"骨"。黄河口稻作文化的泱泱之风，源出于此，尽得其中精髓。

地域文化的形成与传承，从来不是空喊几个口号可以实现的，而是源于地域特殊物候条件下的民间文化自由生发。民间文化同出地域祖脉而又百花齐放，经由时间的沉淀汇流成海，最终铸就地域文化，并不断完成升华与超越。在农耕立国的地方，所谓"民以食为天"，几乎所有民间文化的共同底色都来自于"谷神崇拜"。

在东亚、南亚、东南亚，没有任何一种作物能像稻米一样普遍激发出人们"初恋般的热情"。从赋予稻米灵魂，到流布神创起源，再到祭祀仪式，这股稻作原始崇拜的热情贯穿始终，而且不曾衰减。

当农耕文明发展到高级阶段，人口的增长与生存空间的冲突，逼迫人类走出部族，形成部落联盟，直至统一成国家社会组织。组织的领导者"天下共主"要解决的首要问题是如何维护秩序，即处理自然人个体与社会群体的关系。此时，那股因谷物激发的原始崇拜热情开始升华，勾勒出早期礼制的轮廓，也描绘出律法的框架，乃至绘就文化的底色。

炎帝部落擅长农耕医药，黄帝部落擅长制备舟车，炎黄二帝结成"牢不可破的工农联盟"，大败蚩尤于涿鹿，天下始有华夏国。国家就需要严明的法律治理，在华夏即所谓"封建礼制"。《礼记·礼运》记载："夫礼，先王以承天之道，以治人之情。故失之者死，得之者生。故圣人以礼示之，故天下国家可得而正也。"所谓"国之大事，在祀与戎"。最初"礼"的核心就是帝王层面的公祭仪轨，后来逐渐丰满为维护国家秩序的律法，直至细化成人际交往的生活准则，至关重要的文化经脉。

古中国人用四个字说尽国计民生：江山社稷。社即土地神，稷即谷神。类似黄帝陵国家公祭典礼的正统祭祀自古有之，以祈福风调雨顺，五谷丰登，国泰民安。放眼世界，关于稻作的祭祀仪式与节日庆典亦是比比皆是，如日本的"田植祭"（类似于插秧节）、"新尝祭"（类似于丰收节），泰国的"春耕节"，印度的"庞格尔节"，其最初的本质都是祈福稻作丰收，而后经过演进与丰满，成为各自国家独具特色的文化系统。

我国超过40个民族存在形式各异的稻作祭祀活动或节日庆典，尤其在没有实现机械化的传统耕作时代风行昌盛。如基诺族的乌尤支系在每年农历三月撒谷种时举行"叫谷魂"仪式；拉祜族在播种和作物成熟时"叫谷魂"；独龙族在稻谷分蘖和成熟时祭祀谷魂；景颇族的"叫谷魂"在秋收时举行。布朗族、阿昌族、德昂族每年插秧、秋收时举行谷魂祭祀活动。再如稻作节日庆典，侗族每年谷雨后的第五天举行"敬秧神"仪式；苗族"六月六"举行"农仙节"，在农历六月的卯日过"吃新节"；布依族"六月六"扫田坝祭五谷；哈尼族在农历七月举行"新米节"等等。

北方的黄河口区域，稻作祭祀仪式作为黄河口稻作文化的基石依然存留，有着近30年稻作经验的周红，是掌握祭祀仪式要领的老派稻作人之一。

仪式分别在每年农历四月插秧和十月开镰收割时进行，没有复杂的流程和祷词。按照传统，插秧仪式上祭司要穿一身白衣，站在稻田中央将八只螃蟹、八条梭鱼、八条泥鳅、八条鲤鱼剁碎，并依次抛向东南西北四个方向，供奉给谷魂的寄主——海鸟。

黄河口是大闸蟹的故乡之一，以前田渠水沟里经常能"成窝成丛"地看到，被作为造成稻子减产的"害虫"看待，河蟹不像今天成了地方特产美食，过去几乎没人愿意吃。此仪式的用意，推测应为招引海鸟帮助消灭"蟹害"。

开镰仪式上祭司要穿红衣，用绑着黄绸子的镰刀，从稻田的东西南北中五个方位各割下12个稻穗，现场碾出谷粒，然后在回家的路上边走边抛洒，献给麻雀等小鸟。仪式精义是一旦走在回家的路上就不能回头，不能说话，并且要求走到家门口的时候刚好剩下三粒谷粒，并放进谷仓。

东营黄河口文化的祖脉在于"大河息壤，河海交汇"。生态湿地是其"灵"，万鸟齐飞是其"魂"，广袤豪迈是其"风"，兼容求新是其"骨"。黄河口稻作文化的泱泱之风，源出于此，尽得其中精髓。——没有黄河水，何来黄河口水稻？没有天空中多如星矢的飞鸟，何来黄河口水稻之魂？没有广袤豪迈和兼容求新的胸襟和风骨，又何来黄河口水稻的登峰造极？

水稻从黄河口一方水土中汲取乳汁，不断发展壮大，逐步形成独具特色的稻作文化并反哺黄河口，成为当地文化系统中至关重要的拼图之一。

4

万朝归宗：水稻起源于中国

中国水稻研究的奠基人、爱国学者丁颖，根据野生稻居群和古籍考证研究发现，至少在两千年前的汉代人就意识到了籼稻和粳稻的区分，并早于日本学者加藤茂苞 2 年发表了他的第一篇中国水稻研究文章，主张水稻起源于中国，水稻亚种应以"粳稻""籼稻"区分。然而，来自中国的声音，被完全淹没和无视了。

中华人民共和国成立后，陆续的考古发现雄辩地证明了稻作起源于中国。水稻 DNA 追溯调查表明，野生稻最早在长江中下游驯化为粳稻，传播到印度后与当地的野生稻杂交产生籼稻，然后籼稻又传回了中国南方。水稻的起源，终于万朝归宗。

弱国无外交。没有硬实力的民族，沦落在弱肉强食的丛林底层，连生存的尊严都被肆意践踏，更何谈发言权。

日本侵占东北三省时期，曾于 1938 年颁布规定，甲类粮大米专供日本人食用，中国人不准吃，中国人吃大米就是犯罪。日本南满铁道株式会社为东北带来的稻种和技术，是"天皇的资财"。

之前，东北人民的口粮主要是小米、小麦粉、高粱，并无规模稻作。日本侵略者侵占中国东北后，发现东北适宜种植北海道的水稻品种，于是日本侵略者大肆垦荒种稻，并强迫东北人民大面积种植水稻。

那个贫弱的时代，在中国人的土地上，中国人种出的粮食，中国人却不能吃。

把时间倒推到1928年，日本水稻专家加藤茂苞发现了水稻存在"籼稻"和"粳稻"的区别，并于1930年在国际刊物上发表文章，以亚种的等级把籼稻命名为印度型（Indica），把粳稻命名为日本型（Japonica）。直到今天，由于先入为主，国际水稻界仍使用"印度型亚种""日本型亚种"表述籼稻和粳稻。

中国水稻研究的奠基人、爱国学者丁颖，根据野生稻居群和古籍考证研究发现，至少在两千年前的汉代人就意识到了籼稻和粳稻的区分，并早于加藤两年发表了他的第一篇中国水稻研究文章，主张水稻起源于中国，水稻亚种应以"粳稻""籼稻"区分。

然而，来自中国的声音，被完全淹没和无视了。贫弱不仅让我们失去生存的尊严，更剥夺了我们的发言权。

全世界90%以上的稻米产于亚洲，在东亚、南亚、东南亚三大稻米主产区，稻米生产国林立。20世纪末期以来，中国长期排名全球稻米产量世界第一，印度则是全球稻米种植面积世界第一，泰国长期把持稻米出口量世界第一，印度尼西亚、孟加拉国和越南也不遑多让，稻米产量长期雄踞世界前五。在亚洲，稻米等同食物，主产国普遍将其视为民族荣誉和人文符号。正因为此，稻米起源地的争论，从一开始就不仅仅是植物学研究的范畴。

让人意想不到的是，挑起这场争论的不是亚洲人，而是19世纪的瑞典植物学家阿方斯·德康多尔。这位西欧学者为什么对水稻的起源大有兴趣，一部分原因可能是从小的耳濡目染——他的父亲也是一位著名的植物学家。但另一部分原因，可能是稻米在西欧的"特殊身份"：西欧在漫长的一段时间里都将稻米视为一种来自东方的昂贵"香料"或"药物"。

荷兰人列文虎克在18世纪发明可以放大近300倍的显微镜，为人类打开了微生物之门。但那个时代最尖端的"生物黑科技"，并不能给德康多尔的研究带来更多助益。瑞典人的著作《栽培作物的起源》，成书的依据更多的是依赖朴素的古籍考据与野生稻群落观察。

来自古籍的记述让瑞典人确信中国是最早人工驯化种植水稻的国家，早在距今五六千年前的神农氏时代，水稻作为"五谷之长"就已广布于华夏大地。后期丁颖的研究也沿袭了这种思路，举证出甲骨文"稻"字距今有3300年之久。而"稻"字首次出现在印度，首见于公元前1000年左右的《阿达婆吠陀》，比中国至少晚了2000年。

但另一种研究方式的成果同样让德康多尔备受鼓舞，那就是在印度发现了大量野生稻。在客观承认没有对中国野生稻群落做过充分研究后，他在《栽培作物的起源》中给出一个结论：中国是最早栽培水稻的国家，但印度是野生水稻的起源地，因为在印度发现了数量丰富的野生稻。

同时代的前苏联（以下简称苏联）人尼古拉·瓦维洛夫在德康多尔学说的基础上，从基因遗传学的角度将作物起源理论推向新的高度：哪里现存的栽培品种和野生种最多，哪里就是作物的起源地。虽然在瓦维洛夫的时代，基因已经不再是生物学的时髦词，但对基因的研究仅仅局限于外在表达，诸如作物的高矮、颜色、口味、产量等等，远远没有触及基因的本质。苏联人的治学条件和严谨精神明显比德康多尔更进一步，他亲自率队探访世界各地，通过统计大量作物的栽培种和野生种的数量，推导出作物的起源地。

关于水稻，他的结论是：印度的水稻栽培品种最多，意味着基因最丰富，所以水稻的起源地是印度。

后来证明，瑞典人和苏联人的理论本身就存在严重的逻辑漏洞，但鉴于当时两人在栽培作物研究领域不容置疑的地位，从 19 世纪后期到 20 世纪中前期，水稻起源于印度成为当时的主流观点。丁颖虽然代表中国发出了声音，但不幸的是，那段时期恰处于华夏五千年国力最衰弱的谷底。

德康多尔的观点，问题在于没有对中国野生稻群落进行研究统计。和印度一样，中国同样存在着数量极大丰富的野生稻，如果不是 1970 年在海南发现天然雄性不育野生稻"野败"，哪里来的第一代杂交水稻。丁颖更是早在 1917 年就在我国华南发现大量野生稻，从而燃起自己对于水稻研究的热情。

苏联人的研究，首先忽略掉了两个重要因素：区域气候水土变迁和种植人耕作素质，这两个因素相加完全可能导致某个作物在"非起源地"的发展比"起源地"更好。例如，因为区域气候在漫长的地球演进史中一直在改变，现代气候、水土条件不适宜种植水稻的区域，不代表远古时期不适宜种植。龙山文化、大汶口以及贾湖遗址发现的栽培稻遗迹，距今 4000 年到 8000 年不等，说明早在史前时代，中原大地的黄河流域已有稻作。

中国人口中的"五谷"，在古代有多种解释，最主要的有两种：一种指稻、黍（shǔ 音，黄米）、稷（jì 音，小米）、麦、菽（shū 音，豆

17

类）；另一种指麻、黍、稷、麦、菽。前者有稻无麻，后者有麻无稻，直到今天仍有争论。

执着于后者的一派，核心观点是五谷的创造者炎黄部落发源地是黄河流域，而黄河流域并不适合稻作，因而五谷中有麻无稻。上述三个地处黄河流域的考古遗址群的发现，有力的反驳了这个观点。

回到苏联"老大哥"忽略的第二个因素——作物的发展与耕种人的勤劳程度和农耕天赋紧密相关，例如咖啡公论的起源地是非洲，但咖啡的品种数量和产量排名靠前的一直是南美洲、东南亚国家。巴西一国更是在1920年创造了"独占全球产量80%"的纪录。

其次，瓦维洛夫统计的信息量不足，中印两国水稻品种多样性其实是旗鼓相当的，录入名录的品种数量都在5万种上下。何况，印度只有米粒细长的籼稻，中国则是既有籼稻又有粳稻。这样看，按照苏联"老大哥"的基因多样性学说，水稻的起源地应该是中国才对。

日本的稻作由中国传入早有定论，分歧在于是从中国华北或江南直接传入，还是经由朝鲜半岛二次传入。山东胶东半岛杨家圈遗址稻作遗存，为找到水稻从中国传播到朝鲜半岛和日本的路径提供了新参考，可能性较高。传言中的东北地区和辽东半岛传播起点事实上不可能，因为那里直至清末都是游牧民族的"地盘"，不事农耕。

日本的神话传说是水稻由他们的天照大神传给日本天皇，裕仁时代的日本学者刻意规避了稻作的传播历史，从亚种分类的角度切入，将发源于中国的粳稻"抢注"成"日本型"。

就是在这样的时代背景下，我们的爱国学者丁颖代表中国人发出了自己的声音：水稻起源于中国。但是再强大的个体，如果没有祖国的支撑，也难以立足世界。丁颖能做的只能是忍受着悲愤，默默地研究。抗日战争期间，丁颖的水稻研究工具从古籍考据、宏观观察升级到了考古证据与杂交可行性证据，并第一次归纳出水稻品种分类系统，多角度证明出水稻起源于中国的观点。

转机出现在1949年，中华人民共和国成立后。丁颖的研究成果很快引起国际学术界的注目，苏联学者马上接受水稻起源于中国的观点，而日本学者仍坚持印度起源说。

丁颖一遍遍地呼吁用粳稻和籼稻的汉语发音替代"日本型"和"印度型"，但由于《国际植物命名规则》中先入为主的规定，丁颖始终未能达成心愿。

天下本是一家，不是你的，就是我的，争来争去伤和气，与邻为善，天下太平多好。结果美国从日本那里接过一人分饰两角的接力棒，发起了一场史上规模最大的水稻DNA追溯调查。得出的主要结论是栽培稻并非是粳稻、籼稻分别独立起源，而是单次起源。野生稻最早在长江中下游驯化为粳稻，传播到印度后与当地的野生稻杂交产生籼稻，然后籼稻又传回了中国南方。这是目前接受度最广的水稻起源地结论。

但是这个结论仍然只给出了一半答案：最早的栽培稻起源于中国。那地球上第一株野生稻起源于哪里呢？可能很久很久以后才能知道剩下的半个答案。

5

百年豪迈：黄河口稻田的红色神话

比"龙鳞化生"的神话传说更让人印象深刻的是，这个始于20世纪40年代渤海垦区抗日革命根据地军民屯垦的稻作带，灵魂上烙印着红色印记，辛勤耕作伴随着艰苦卓绝的战斗，长满芦苇的盐碱地始才出现大片的稻田。

黄河口稻作经历了广种薄收、靠天吃饭的初创时代，高歌猛进、开荒屯垦的中兴时代，经历了黄河断流、前途灰暗的萧条时代，以及从产量致胜到品质为王的复兴时代。一路走来，百年豪迈。

如果仅仅流于搬运神话故事，拘泥情节真伪，那岂不是"入宝山而空手还"。神话给了我们巨大的启发：唯有"敬天惜物"，敬畏自然，取法自然，尊重稻作自然规律的同时充分施展人的创造性，以稻作致良知，方能收获"有灵魂"的稻谷，人稻和乐，福祉庇佑。

然后我们需要带着隐喻的宝藏回归现实，着眼当下，"甩开膀子加油干"。说到底，水稻是种出来的，大米是用来吃的。形而上与形而下，神话与现实、高雅与世俗、读书与种田，本就是一回事。

黄河口稻作经历了广种薄收、靠天吃饭的初创时代，高歌猛进、开荒屯垦的中兴时代，经历了黄河断流、前途灰暗的萧条时代，以及从产量致胜到品质为王的复兴时代。一路走来，艰难险阻重重关隘，但黄河口儿女始终如母亲河一样坚韧，以超拔的意志攻关克难，终于迎来复兴曙光，这又何尝不是现实中的神话。

进入 21 世纪以来，黄河口稻作生产主要面临着三组矛盾：宏观层面，促进稻农增收的迫切与出于国情需要平抑粮价的矛盾；中观层面，稻作增产增收与提升口感品质的矛盾；微观层面，黄河口稻米鱼龙混杂，品质参差不齐，难以形成合力的矛盾。这三组矛盾成为新世纪黄河口稻作发展的主要障碍，试看黄河口儿女如何将其各个击破。

农业是我国根本大计，粮食安全就是国家安全。以中央储备粮、地方储备粮制度为主要粮价调控手段的政策，能够确保全国范围内的粮价不出现剧烈波动，确保人民群众能够以尽可能低的成本解决吃饭问题。但同时，农民增收的愿望是迫切的，按照现有粮价体系计算，种稻的收入非常微薄，导致新生代不愿意接触农耕。而这个矛盾在黄河口的表现就是稻作，除了水稻，这里没有第二种适合大面积种植的粮食作物。

"既然粮价基本恒定，那就尝试从增产突破吧"。不要想当然地认为粮食产量上去了，收益也就上去了。在黄河口实际稻作生产中，品质与产量成反比，"更好吃"与"更高产"是一对不可协调的矛盾，所谓鱼和熊掌不可兼得。

毕竟，大地是公平的。

高产品种的亩产量是上去了，但是品质下来了，没有竞争优势，价格只会更低，稻农一年下来，"光磨手指头了"。口感品质好的品种，亩产量又是那么低下，而且更大的风险在于，由于种植成本带来的价格陡增，市场销路变窄。显然稻农不愿意承担这种风险，他们还是青睐于快进快出。

与全国各稻作产区对比，黄河口水稻的平均亩（1 亩 ≈ 667 平方米。全书同）产明显偏低，但平均品质又确属上乘。"其他产区亩产（常规稻）一般都在 1200 斤（斤为旧制，1 斤为 0.5 千克，1 公斤为 1 千克。全书同）以上，我们的协议订单稻田，多数品种亩产一般能在 800~900 斤，个别高产品种能达到 1000 斤，但是越高产的品种，口感越差。一邦这些年自己培育的高食味值的品种，最好吃的一亩也就能打下来 600 斤左右稻谷，一级出米率标准一般 68%，这样算下来一亩地出精白米 400 斤。再加上精细管理、生态种植的投入，成本比我们订单种植的要高两倍，比其他粗放管理的高五到六倍。我们也尝试过追肥把产量提高到八九百斤，但是对比发现，这个品种一旦亩产超过 600 斤，口感立马下降。"

每当客人来访，一邦黄河口大米创始人周红都要略显无奈地讲述一遍产量与品质的"矛盾论"。但是周红又坚定地认为，这个矛盾是伪概念，她和她的团队逐渐摸索到了解决之道：那就是坚定不移的突出品质优势，当把品质做到登峰造极，这个矛盾就会不攻自破。好货自有人识，只怕"半瓶水"。

但在一邦黄河口稻作联盟体系之外，总有个别稻农选择"成本最低"的品种和耕作方式，单纯追求产量，完全无视品质，并打着"黄河口大米"的旗号推向市场，屡禁不止。其实这些"李鬼"根本不能代表黄河口大米的精髓，但由于价格低廉、以次充好而大行其市，无从分辨的消费者尝过之后，评价"也不过如此"，严重败坏了黄河口水稻来之不易的品牌声誉。

产地品牌打不出去，导致了一组令人触目惊心的数字：黄河口年产稻谷 20 万吨强，但只有不到 25% 的稻谷在当地加工成大米销售，其余大多以稻谷的形式销到外地，然后加工包装，印上"别的产区"和"知名商标"再高价卖出，甚至回流本地。留给当地稻农的收益日益微薄。个别人破坏地方品牌声誉，却要全体稻农承受。

引导强于管束，身教胜于言传。黄河口稻田标准试验基地每年选育超过 150 个以上新稻种，并每年从中甄选品质的前三名，先从一邦黄河口万亩标准化示范稻田规模种植，完全不计产量，循环往复的挑战品质极限，通过带头示范和销路开拓，逐步引导订单协议稻农。

努力终有回报。今天的黄河口水稻产区，种植总面积 40 万亩，其中超过 60% 的高品质稻田秧苗由一邦培育提供。这些稻田的水稻品质，得益于"秧苗、技术、加工、标准、投入品、销售"六大环节的统一监管，品质优势明显。另一大激动人心的收获是培育出了自己的王牌品种，足以跟享誉世界的日本越光大米分庭抗礼的"S 食味米系列"。

真正热爱水稻的人，都会宣称自己家乡的大米最好吃，质朴的黄河口也不例外。"我们的高端大米对标的是日本越光大米，经过无数次消费者试吃对比，更多的人认为我们的更好吃"。周红介绍自家大米时，永远自信满满。然后在一片坦诚的欢笑中，客人吃尽了碗里的最后一粒米。

黄河口大米的核心主产区是东营市垦利区永安镇，在黄河口镇也有大量种植，但更具地域精神气质的，毫无疑问是永安。黄河口稻作的历史可追溯至距今 3000 年前，但开始出现规模种植，始于 20 世纪 40 年代渤海垦区抗日革命根据地军民屯垦，辛勤耕作伴随着艰苦卓绝的战斗，长满芦苇的盐碱地开始出现大片的稻田。

当时的永安镇被誉为"小延安"，是渤海军区兵工厂、印钞厂、被服厂、抗日剧团所在地，老一辈革命家许世友、马耀南、杨国夫战斗过的地方，无边无垠的芦苇荡和荆棘林化身垦区人民抗日杀敌的战场。

黄河口的金色稻田，从一开始就被打上了红色印记。

2011 年，一邦公司永安总部落成使用，与"渤海垦区革命纪念馆"一墙之隔。当家国情怀与红色印记相遇，周红做出了她称之为人生中最重要的决定：培育出比日本越光大米品质更好的，属于中国人的世界级大米。

"我们要感谢国家。国家强大了，人民吃饭问题基本解决，我们才有条件这么折腾"。

新时代，黄河口以稻作致良知，正在创造现实中的新神话。

水稻的江湖

1

一门千指：江湖大佬初解码

　　她极普及亲民，中国 60% 以及全球 50% 的人口以大米为主食，是我国和世界第一大主食。暂时没有第二种作物可以取代她的"江湖地位"。水稻的江湖极其庞大，门派众多，但不论哪种水稻均源自"粳稻"与"籼稻"两大亚种。所有的黄河口水稻均属于粳稻亚种，晚季稻群，水稻型，黏稻变种，主茎总叶数一般为 16 片以上。

水稻的"江湖"，按照稻作历史的长短和品种的不同，大致可以分为"老世界""中世界""新世界""异世界"。稻作历史最久远的中国、印度是"老世界"，日本及朝鲜半岛、泰国及东南亚、斯里兰卡及南亚为"中世界"，美国、澳大利亚及西欧为"新世界"，三大主流世界种植的都是"普通栽培稻"。局限西非一带的"异世界"，耕种"非洲栽培稻"，影响力极小。"普通栽培稻"与"非洲栽培稻"是仅有的两种经由人类驯化的栽培种，尽管全球范围内稻属植物多达 20 余种。

水稻大江湖的不同世界又有不同的"宗派"，但不管哪个宗派，均出自"粳稻"和"籼稻"两大亚种。粳稻和籼稻的发源历来有两种说法，一派坚持"天下武功出少林"，认为籼稻是栽培稻基本型，粳稻是在籼稻的基础上演变而成的变异型；一派坚持"花开两朵各表一枝"，即籼稻和粳稻是各自独立起源，分别由人类驯化栽培，两者并无"父子关系"。到底哪种说法更准确，把答案暂时交给时间吧。

籼的读音没有异议，为"xiān"。但按照数千年中国稻作传统，粳的发音应为"gěng"，而《新华字典》将其读音标注为"jīng"。为此，2011年水稻专家张启发院士联合全国各地185名专家，其中包括袁隆平等12名两院院士，将《关于修订粳（gěng）字读音的建议书》呈送中国社会科学院语言研究所、国家语言文字工作委员会，要求修改读音。一个字的读音，背后牵涉到水稻亚种的国际学名。中国发源的粳稻、籼稻两个亚种，却被日本人在1928年抢注为"日本型Japonica"与"印度型Indica"，这是百年来横亘在中国农学界的心头之痛。

籼稻和粳稻两个亚种的区别，类似于"南拳北腿"。从粒型外观看，籼米长而细，粳米短而圆；从植株形态看，籼稻茎秆更粗叶更宽，粳稻茎秆更细叶更窄；从生长环境看，籼稻更喜热，12℃以上发芽，粳稻更耐寒，10℃以上就发芽。而这些也仅是两者之间的主要差别，如果细分的话，区别点至少在15种以上。

每个亚种各分为早、中季稻和晚季稻两个"群"，前者对温度敏感，只要温度适合就能抽穗、开花、结实；后者对日照长短敏感，只有到日照较短的秋季才开始抽穗。

根据水稻主茎总叶数，又可以把水稻分为三个品种：主茎10~13片叶为早熟品种，14~15片叶为中熟品种，16片以上的则属于晚熟品种。注意，早、中季稻和晚季稻与早熟、中熟、晚熟稻，是完全不同的两个区分维度。前者依据光照和温度区分，后者依据生长时长区分。

每个"群"再分为水稻和陆稻两个"型"。顾名思义，水稻更喜水，陆稻更耐旱，但不管是水稻还是陆稻，在水田里的生长和产量情况都更好；在旱田里生长和产量都受到抑制，只不过陆稻受抑制的程度较小。

每个"型"再分为黏稻和糯稻两个"变种"，黏稻为基本型，糯稻为变异型。两者最直观的区别是前者适合熬粥蒸米饭，后者适合打年糕包粽子。

"变种"之下的分类是"培育品种"，也是稻种分类的最后一级。"培育品种"又可以分为六种类型。

以生育期长短分类，即从稻种发芽到稻谷完全成熟之间的时长，分为早熟、中熟、晚熟品种，生育期在 125 天以内的为早熟品种，125~150 天的为中熟品种，大于 150 天的为晚熟品种。如前所述，可以根据水稻主茎叶片总数区分早熟、中熟、晚熟品种。这两种区分方式有何不同？"叶片区分法"是校正"生育期区分法"的重要"参照坐标"，因为受种植区域气候条件的影响，同一品种的生育期长短也会产生变化。

以育种方式分类，可分为杂交品种和常规品种。袁隆平享誉世界的杂交水稻就属于前者，能够"集多个品种优势"于一身，可取得大面积高产，但种子繁育技术要求高，繁育速度慢，制种成本高，且无法"留种"。常规品种种子繁育技术相对简单，繁育速度快，制种成本低，可以"留种"。

另有四种分类法，分别以穗形、株高、穗分化及拔节的前后时间、灌浆特点分类，在此不再赘述。为什么要对水稻做这么细致的分门别类？原因在于全球各个稻作带的经纬度、气候、地貌、水土条件各异，适宜耕作的稻种各不相同，门派自然千差万别。大佬的江湖，毕竟是大江大湖。

2

六大门派：中国水稻产业格局

我国稻米产业的商业大形态是"稻强米弱，种、产、销分离，新谷入仓，洋米入市，陈米入口"，与我国人民的需求已不相匹配，亟待打破重构。由于国内稻米产销分布的不平衡，产区集中，消费分散，形成"北粳南运，早籼南下，中晚籼东输南下"的流通大格局，多年来较为稳定。

黄河口稻作区只有40万亩左右，仅占全国稻米产区的万分之八，稀缺性可见一斑。与其他大型产区的大米有所不同，黄河口稻米更像一个隐士侠客，独立于水稻江湖的滚滚洪流之外，江湖里自然也少有她的传说。

在金庸先生的武侠世界里，江湖被分成六大主要门派：第一档的少林派，第二档的武当、峨眉、昆仑、崆峒、华山五派。当然还有泰山派、天山派、丐帮、明教、神龙教、五毒教等等众多门派，但前面六大门派才是绝对的主流。

不知道是不谋而合，还是相互交流了意见，我国现代稻作科学主要奠基人丁颖，也将全国水稻产区划分为六个主要稻作带，后来中国水稻所在此基础上进一步补充完善，形成了今天的版本。六大稻作带分别是：

华南双季稻作带

华中单双季稻作带

西南高原单双季稻作带

华北单季稻作带

东北早熟单季稻作带

西北干燥单季稻作带

大致以秦岭、淮河为界，我国水稻产区可分为南方、北方两个稻作区，南北各分布三个稻作带。两大稻区种植面积呈现"南多北少"的格局，主要分布在长江流域、珠江流域和东北地区，其中91%分布在南方，9%分布在北方。仔细看一下，你会发现南方系稻作带都带一个"双"字，北方系都带一个"单"。这一字之别，包含了中国水稻的大学问。简单解释，不同的稻作带所处的经纬度、海拔、气候不同，造成季数的不同。

近年我国水稻种植面积维持在3000万公顷上下（1公顷=15亩），占谷物类种植面积的32%，全年粮食种植面积的27%。稻谷产量于2011年突破2亿吨之后，连年在1.8亿吨到2.1亿吨之间徘徊。

籼稻主要分布在南方各省市如两广两湖、云贵川渝、闽赣江浙皖等地，产量约占国内稻谷产量的2/3，绝大多数为中晚籼稻。区别于籼稻产区的接天连日，粳稻主产区呈现中心化分布，主要有三个：以黑吉辽为核心的北粳区，以江浙皖为核心的南粳区，以云南为核心的云贵高原粳稻区。黄河口稻区隶属华北单季稻作带，全部为粳稻产区，只有40万亩左右，仅占全国稻米产区的万分之八，稀缺性可见一斑。

2006 年后，我国稻谷收购市场全面开放，稻谷最低收购价政策逐渐成熟。至此，稻谷的收购市场三分天下：一是以稻谷贸易商、大米加工生产企业为主的多元化市场收购；二是以各地市国有粮食收储企业为主的储备稻谷补库收购；三是以中储粮系统为主的托市收购。当市场收购价高于最低收购价时，稻谷收购以第一种为主；市场收购价低于最低收购价时，为保护农民利益，以后两种为主。2012 年前后，后两种收购方式成为主流。

稻谷价格的稳定，保障了国家粮食安全，同时打掉了市场操作空间。但是大米的价格是没有类似最低收购价的保障的，畅销与滞销全凭销售商本事，单价区间跨度大，斤价从最低二三元到十元、几十元都有。加上仓储、加工、物流、人工、营销、资金占压等环节成本的加入，大米的成本越来越高，整体利润微薄，市场一旦产生波动和过度竞争，很容易引发一场从销售终端到稻谷仓储的踩踏效应，亏损如山崩海啸。

产业链条的各环节单位为分摊风险，各自构建防火墙，由此催生出稻米产业"种、产、销分离"的格局，即种稻的只种稻，贩稻谷的只贩稻谷，加工大米的只加工大米，品牌销售的通过贴牌代工只专注于营销。

产业环节的分割化会造成一个困局，那就是大米的品质难以稳定。试想，相同品牌相同包装的大米，原料来源不固定，加工企业不固定，仓储条件不固定，水稻品种不固定，品质又何谈稳定呢？品质不能稳定，"好吃的大米"变成不切实际的空喊。各个环节的分割化，更深远的影响是培育不出精通全产业的"通才"，只有大量的"专才"，这是我国难以从"大米消费大国"到"大米文化强国"的主要阻碍之一。

国内几乎没有企业敢对稻米进行全产业布局，那意味着把所有风险和压力集于一身。但全产业布局的长远收益更大，利于保证大米品质的稳定，培育产业人才队伍，不断升级稻米品位。黄河口稻区的一邦农业是水稻全产业链布局的其中少数企业之一。

目前稻谷大量存储在国有粮食储备系统，稻谷要先在那里"静静地呆一段时间"，短则二三年，长则三五年。然后以正常的储备出库和临期储备出库两种方式走出粮仓，两种出库方式都需要拍卖，竞拍落槌后稻谷各归各主，进入贸易商（俗称粮贩子）和大米加工企业的仓库，并陆续加工成米。

国储仓有较为健全的仓储安全管理系统，一般能按规定时间轮替，但稻谷流通到下个环节，面临什么样的仓储环境，多长时间加工成大米，大米又经过多长时间才被销售出去以及最后被吃掉，就难以估量了。只能说这个时间越长，大米越不新鲜，越不安全，也越不好吃。

所以要想买到新鲜的大米，判断手段不能仅仅停留在"查看包装生产日期"上。太多大米生产日期是当年的，但是生产这批大米的稻谷却是前年甚至几年前的。大米不是酒，越陈越香，大米跟茶叶类似，越新越好。

"稻强米弱"即稻谷产量和质量整体表现优良，但大米加工销售分散无序；种稻的不卖米，卖米的不种稻，加工的两头吃，国内只有屈指可数的企业坚持"科研、种植、加工、销售"一体化经营，即"种、加、销分离"。

"新谷入仓"即每年稻谷收割后先行存入国储仓和私企仓储；高端大米市场被新加坡、泰国、日本等"洋品牌"占据，即"洋米入市"；老百姓在主流市场购买和消费的大米相当一部分是国储仓轮换出的"隔年粮""三年陈"加工而成，往往错失大米的最佳赏味期，造成"陈米入口"。

我国幅员辽阔，稻米产销分布极不均衡，主产区集中，消费分散。稻谷仓储、加工聚集在主产区，并随着销售网络流通全国各地，多年来形成了"北粳南运，早籼南下，中晚籼东输南下"的流通格局。

粳稻主产区的大米，东三省南下全国，从北京到广州都有流通；苏皖二省大部分内部消化，少量外销浙沪闽粤东南沿海一带。籼稻产量最高的三个省份，江西和两湖，稻米主要以扇形向东南输送，然后分散在当地的超市、农贸市场等待消费者选购。近年来，随着网络购物的发达，产地直发的加入，使稻米的"江湖行走路线"有所变化，但整体流通格局不变。

3

七种武器：黄河口稻作传统农具

军农自古密不可分，20世纪40年代，渤海垦区抗日革命根据地就是一边军垦民垦，一边抗战杀敌。黄河口稻作的传统农具亦可作为战时的武器，远者如上古神兵"耒耜"，近者如海神三叉戟"粪叉子"，噬魂钩"曲辕犁"，九齿钉耙"耙耖"，死神之器"镰刀"，双节棍"梿枷"，雷神之锤"杵臼"，个个能农能军，文能种稻饱天下，武能杀敌定乾坤。

"国"字甲骨文的写法类似于现代的"或"，会意"口"和"拿着戈的手"。"口"的意思是"吃饭、人口"，可引申为"农事"；"拿着戈的手"即"手持兵器"，可引申为"军事"。"国"最初的本意指两件事：农事和军事。

炎黄二帝创立华夏之国，依靠的也正是这两样。炎帝擅农耕，黄帝擅征战，两个部落结成"牢不可破的工农联盟"，最终击败蚩尤部落，始有九州文明。之后的金文给"或"加了个边框，变成繁体字的"國"。到这里，"國"的含义被丰满为在一定的地域范围内进行农耕生产和军事建设的组织。

太多的史料能够证明"军农不分家"，甚至完全是一体。战时农民为士兵，战后士兵复员为农。我国历史上大部分农耕王朝的军队都有屯田制度，即使到了新中国初期，复员的军人也要马上投身垦荒屯田，渤海垦区即是典型。

20 世纪 40 年代，渤海垦区抗日革命根据地就是一边军垦民垦，一边抗战杀敌。中华人民共和国成立后，黄河口区域的广北农场、黄河农场、军马场长时间内都是军垦农场。直到现在，新疆建设兵团依然正常存续。

军事和农业，本来就是一回事。

这个观点早在姜太公《六韬·龙韬·农器》中就被提出，"战攻守御之具，尽在于人事（农事）"。全文摘录如下：

武王问太公曰："天下安定，国家无事，战攻之具可无修乎？守御之备可无设乎？"

太公曰："战攻守御之具，尽在于人事。耒耜（lěi sì）者，其行马蒺藜（jí lí）也；马牛车舆者，其营垒蔽橹也；锄耰（yōu）之具，其矛戟也；蓑薛簦（dēng）笠者，其甲胄干盾也；镢（jué）、锸（chā）、斧、锯、杵（chǔ）、臼（jiù），其攻城器也；牛马所以转输，粮用也；鸡犬，其伺候也；妇人织纴，其旌旗也；丈夫平壤，其攻城也；春钹草棘，其战车骑也；夏耨（nòu）田畴，其战步兵也；秋刈（yì）禾薪，其粮食储备也；冬实仓廪（lǐn），其坚守也；田里相伍，其约束符信也；里有吏，官有长，其将帅也；里有周垣，不得相过，其队分也；输粟收刍，其廪库也；春秋治城郭，修沟渠，其堑垒也。故用兵之具，尽在于人事也。善为国者，取于人事。故必使遂其六畜，辟其田野，安其处所，丈夫治田有亩数，妇人织有尺度。是富国强兵之道也。"

翻译过来就是：

武王问太公说："天下安定，国家没有战争，进攻征战的武器还用维护吗？防守御敌的设施还用建设吗？"

太公答道："打仗用的武器设施，全都可以用人民耕作的农具改造。（一旦有战事）可以用耒耜做路障陷阱，马车和牛车是再好不过的'移动大盾牌'，锄头和耙子可以当长矛，蓑衣、雨伞和斗笠就是盔甲和盾牌，镢头、铁锨、斧子、锯子、舂米的杵臼都是很好的攻城军械。牛马可运输军粮，鸡狗可报时和警戒。妇女织的布可制作战旗，会犁地整田的男子就有本事攻城掠地。春季烧荒除草的人，可以（用火攻）跟敌方战车骑兵作战；夏季农田锄草的人（力气大，耐力好），可以跟敌方步兵作战。秋冬季节收割庄稼，把米仓填满，粮秣充足了就可以长期作战。同村同乡的人聚在一起，就是部队。他们的领导，到战时就是部队军官。乡里跟乡里之间有围墙，各占一片，战时就是军分区。平时国库多存粮草，战时就有了储备保障；春秋两季修补的城墙，疏通的灌溉沟渠，战时就是天然的守备屏障。所以说，军事就是农事。治理国家，农事才是头等大事。所以必须大力发展养殖业，垦荒植田，让居者有其屋，男子拼命种田，女子拼命纺织，这才是富国强兵的根本之法。"

周武王和姜子牙的对话，核心内容为"军事就是农事，而且先有农事才有军事。农具就是武器，耕作就是实战演习，一旦发生战争，农民拿起农具就是军队！"

而今黄河口区域隶属姜太公齐国封地，在军农结合上可谓习得真传。20世纪黄河口渤海垦区抗日革命根据地的军民屯垦，就是对《六韬·龙韬·农器》的"神还原"，广大军民"一面屯垦生产，一面抗战杀敌"，取得了辉煌战果。太公诚不我欺。

那么具体到稻作，到底哪些农具可以充当武器呢？本节从黄河口传统稻作的全过程选出七种"武器"，涉及耕耘、施肥、收割、打谷、舂米各工序，且听说来。

头一件武器，必须是上古神兵——耒耜。《易经·系辞》记载，神农氏"斫木为耜，揉木为耒，耒耜之利，以教天下"。先秦的经典主张神农氏发明了"耒耜"这个农具，并教给人们耕种五谷的方法，天下之民始才进入农耕文明。

耒耜就像一件传说中的上古神兵，到底长什么样历来见仁见智。当前普通大众的认识，耒耜就是名画《大禹治水图》中大禹手里的那个"铲铲"，也类似于战国时期赵国的"铲币"（布币），只是多了一根木柄。东汉时期大学者许慎、郑玄也认为耒耜是一件农具，而且"耒为上部，耜为下部"，即耒为"铲铲"的木柄，耜为"铲币"，不同的是许慎认为耒耜通体为木质，郑玄认为耒为木质，耜为木质金属包边。

在战国及以前，耒、耜是两种农具。而且根据《易经·系辞》的描述，斫木为耜，"斫"的意思是用石斧砍削；揉木为耒，"揉"的意思是让木弯曲。由此可见，斫和揉是两种完全不同的工艺。如果耒耜真是"一根尖头木棍加上一段短横梁"类似倒十字架的形状，横平竖直，那"揉"这个工艺就完全没必要了。

让我们回到神农氏的时代，那时候的耕种方式是什么样的？应该是烧荒开地、广种薄收、靠天吃饭。在这种耕种方式下，什么举措能尽可能地让作物获得更好的收成呢？翻松土壤（耕耘）和害虫防治。如果你稍微熟悉耕作，能够轻易得出这个结论。

基于这个大胆的假设，我们就可以判断耒耜是两件农具，一件用于翻松板结的土壤，一件用于捕虫。翻地的耜，是一头用石斧削尖（斫木）的倒十字架；捕虫的耒，是一个用树枝编织（揉木）的细密的网。当然，耒耜这两个字的甲骨文写法，明显"耜"更像一根木柄上挂着（两个）网兜。

这个解释能适用《六韬·龙韬·农器》中耒耜的使用语境，"耒耜者，其行马蒺藜也"（耒耜可以做阻碍人马前行的路障和陷阱）。古时候的路障，大多是用一头削尖的木头交叉搭建而成；蒺藜在此处只是比喻陷阱下尖头朝上的木棍，而陷阱上的盖子必须轻盈又坚固，以便覆土伪装，这就需要高超的"揉木"技术了。后文中出现的"镢、锸"都带有铁字旁，功能跟"大禹铲铲"高度类似，尤其是锸，其实就是铁锹——如果耒耜跟"镢、锸"一样的话，太公就没有必要单独说了吧。

不管这个猜想成立与否，也不管耒耜是十字架、捕虫网还是大禹铲铲，打人都是很疼的，毕竟是炎帝神农氏创制，神力加持威力必然不同凡响。

娶妻先买房，稻作先犁地。

这就需要亮出第二件武器，"噬魂钩"——曲辕犁了。曲辕犁的"爸爸"是直辕犁，"爷爷"是耒耜，这一家子的主要工作都是犁地。你看"犁"这个字上面是一个利，下面是一个牛——曲辕犁的动力是牛，因为犁地又快又好，所以叫"因牛得利"。

曲辕犁是划时代的伟大发明，从唐代发明直到20世纪90年代，都是我国极为重要的耕耘工具。黄河口垦区直到21世纪初仍有少量稻农使用牛耕，与聒噪的拖拉机相比，牛犁更有诗情画意的美感。日头西沉，落霞孤鹜，叼着烟袋的稻农轻声吆喝着他的老伙计，身前那一头套着犁的黄牛不紧不慢，被豁开的土壤向一旁翻过去，也不紧不慢……

从艺术审美的角度看，曲辕犁那一条美妙的曲线，比维纳斯的背部线条还要优美，比蒙娜丽莎的微笑更为迷人。曲辕犁简直是古今中外所有农具里最有美感的神作！不，它不是农具，它是登峰造极的艺术品，它是无与伦比的"噬魂钩"。

当然，它不止好看到无以复加，更比直辕犁省力。老子的《道德经》煌煌五千言，就说了八个字"以柔克刚，以曲胜直"。逐渐淡出稻耕舞台的曲辕犁，褪去了农具的属性，艺术的美感却愈发浓郁。你在农耕博物馆遇到它时，如果轻易别过，等于入宝山而空手还。

在犁地之前，一般要先把肥料撒匀，在化肥还没普及的年代，肥料一般是农家粪肥。这就需要请出第三件武器：海神阿瑞斯的三叉戟——粪叉子。

如果你没见过粪叉子，那你总看过电影《海王》吧，里面让海王兄弟争得你死我活的那个三叉戟，跟粪叉子相似度99%。如果没看过《海王》，你往街上看看，找到一辆玛莎拉蒂，车脸上的标识就是三叉戟。唯一的一点儿区别是三叉戟固定三个叉，粪叉子就比较驴性了，有的地方三个叉，有的四个，五个的也有。别管那么多了，它们都是叉子。

铁锹不是很好嘛，为什么要用三叉戟铲粪呢？道理很简单，沤熟的粪肥密度大，特别坚实，铲子根本挖不动。为铲粪量身打造的三叉戟应运而生，尖锐坚硬而稀疏排列的"铁刺"挖掘坚实之物游刃有余，是农民朋友得心应手的好朋友。三叉戟，为"专业"而生。

听过一个黄河口老知青的段子，文革期间两个青年武斗，一个拿了菜刀，一个拿了粪叉子，虽然最后没打起来，但是受处分的是粪叉青年。领导的意思是，你敢使粪叉子，那就是下死手要人命。乖乖，菜刀就不能要人命了吗？由此可见，粪叉子的即战力不是盖的，远胜菜刀、锄头、铁锨之类，怪不得海神阿瑞斯选它当兵器。有道理。

稻田耕耘这件事，有三个步骤组成，不是犁地撒肥就完事了这么简单。犁完地就要找天蓬元帅借他的九齿钉耙了，完成耕耘剩下的两个步骤：耙地和耖地。犁完地后土块太大，需要先耙地把土块切成碎泥，然后给稻田灌上水，再用耖子耖几遍，把土壤搅拌成细腻的泥浆。到这一步，稻田给整得服服帖帖，终于像样了。

耙和耖，长的都跟猪八戒的兵器很像，把九齿钉耙等比例放大就差不多是耙和耖了，所以这两个农具归为一种武器。姜太公说"丈夫平壤，其攻城也"，精通犁耙耖三样的老把式，最善于攻城掠地。

稻田插完秧后还要持续灌水，这时候就需要水车了。

镰刀是所有农具中最具象征意义的，代表了农民和丰收，在东方甚至有点神圣的意味，不过在西方却是死神用来收割人头的大杀器。可能有一天传统的农具都退役了，但镰刀不会。因为再先进的收割机也很难把犄角旮旯儿的稻子收干净，镰刀总能派上用场。

稻子收割回来之后，要在空旷的地方晾晒，之后进行"暴打"，以使稻谷脱离稻穗。施暴的工具是梿枷——"放大版的双节棍"。手持的木柄至少一米半，头上是用绳子固定住的一组竹条或木板，挥舞起来会产生类似甩鞭效应的附加力，噼啪作响，几个回合下来稻穗就老老实实给打瘪了。黄河口老稻农家里有个吓唬"熊孩子"的说法："白天不听话，夜里睡着了梿枷打你腔。"

梿枷在稻作农具里"辈分"很高，早在公元前7世纪的齐国就被用于谷穗脱粒，也算是黄河口大区域的"特产"吧。他不光辈分高，还很有个性，跟辛弃疾"弃笔从戎"如出一辙，梿枷在宋仁宗庆历年间竟"弃农从戎"，正式成为大宋军队的"制式装备"。当然，竹条木板已经换成铁制，劈头打下如山崩地裂。

稻作七种武器的压轴神器，必须是雷神之锤"杵臼"。毕竟我们辛辛苦苦照顾水稻大半年，又是犁耙耖，又是施肥灌水，又是收割脱粒，还不是为了一个字"吃"。杵臼是舂米的工具，"杵"就是一根大木棒子，"臼"是个挖了洞的大石头。

而今在黄河口，拖拉机、旋耕机、插秧机、收割机粉墨登场，传统稻作的七种武器都已功成身退，藏在某个稻农的家里，摆在某个博物馆的角落。让人难过的是，那个时代回不去了；让人高兴的也是，那个时代回不去了。

4

千年之战：黄河口虫害斗争史

> 黄河口稻田常见虫害多达 37 种，根据武器和食性的不同，大致可以分为"四个流派"："食叶风卷流""钻蛀掏心流""吸汁刺客流""食根土遁流"。四大流派集结亿万昆虫武士军团，在稻田不断向人类发起挑战。

从农耕文明开篇以来直到农耕科技高度发达的今天，防虫治虫都是稻作的头等大事。人类与虫害的斗争，延绵数千年不绝，从火攻烟熏、赤手对决的"物理攻击"，到鸟啄蛙食、鸭啖蚁咬的"生物攻击"，再到飞机农药、基因锁定的"立体攻击"，稻田里一直刀光剑影，充满腥风血雨。

如果按《复仇者联盟》的拍摄套路，平均一集干掉一个反派，《稻作灭虫大作战》至少能拍几百集。而且随着全球气候、区域生态、水稻品种、耕作方式等多重因素的变化，水稻害虫也在不断进化，像奥特曼打的怪兽一样层出不穷，一些原本不危害的种类或外来物种也可能侵占稻田。

黄河口稻田里的常见虫害，目前大约 37 种，每一个都是很难对付的大反派：东亚飞蝗、稻螟虫、稻纵卷叶螟、稻苞虫、红线虫、稻水象甲、稻飞虱、稻蓟马……它们的祸害手段各不相同，根据武器和食性的不同，大致可以分为四个"流派"。

"食叶风卷流"：善于吃水稻叶子的流派，根据"吃相"的不同，该流派又可以分为"结苞类"和"不结苞类"（苞就是吐丝缀叶做的"窝"）。前一类以稻纵卷叶螟为代表，后一类中有个叫"稻螟蛉"的，俗称"粽子虫"，到了成虫阶段就用叶子把自己裹起来，形如粽子，三角形的"粽衣"叠的那叫一个板板正正，这样看粽子最早的"发明者"应该是稻螟蛉，而不是韩国人。

"钻蛀掏心流"：善于钻蛀水稻叶鞘、茎秆和稻穗的流派，"杀人诛心，吃稻钻芯"。根据"长相"的不同，又分为三个门类，分别是螟虫类，如二化螟、三化螟等；蚊蝇类，如稻瘿蚊、稻秆蝇、稻小潜叶蝇等等。稻铁甲虫类，幼虫钻蛀为害，长大啃食稻叶叶肉。不管哪一类，都是行走的微型"电钻机"，走到哪钻到哪，为稻作生产带来减产危害。

"吸血刺客流"：善于吸食水稻汁液，尖锐的口器就像可乐吸管，也像注射器，还像被捋直的武士刀，因而归类"刺客流"。共有稻飞虱、稻叶蝉、稻蓟马、稻蝽等四类。

"食根土遁流"：又称"三类一害"，包括稻象甲类、稻根叶甲类、蝼蛄类、稻水蝇蛆等。虽然一般它们长大后就归入"食叶风卷流"，专门危害稻叶，但以幼年时期食根为主，善于"土遁"，因而称之为"食根土遁流"。

"三类一害"中的稻水蝇蛆能单独分类，自然有它的道理。稻水蝇广泛分布在北方盐碱稻作区，尤其是新垦盐碱地稻田，如果在苗期不对其严加防范，可造成毁灭性灾害，也是黄河口稻区最频发的虫害之一。

虫害凶猛，人类当然不会坐以待毙。从古至今的稻作史，简直就是一部人类与虫害斗争的历史。稻田里双方各不相让，一直刀光剑影。黄河口稻区自然也不能独善其身。

放火烧荒是"刀耕火种"农耕方式中最重要的部分，也是使用时间最早和最长的治虫办法，可谓一举四得：既能烧死虫卵、草籽，还能回田增肥，还有一个隐含的妙用是烧毁看不见但能让水稻产生病害的各种"病毒、真菌、细菌"，相当于给稻田消了一次毒。弊端是火灾危害与空气污染，目前全国范围内已全面禁止。

火烧对虫卵有效，但显然不能杀灭成虫，那是同归于尽。最迟不晚于先秦，针对成虫的植物性药物"烟熏"应运而生，配以"魔法攻击"。《周礼·秋官》中记载，"庶氏掌除毒虫，以攻说襘之，嘉草攻之。"大意是用"攻说"这种祭祀仪式让毒虫灾异走开，并焚烧"嘉草"这种植物把毒虫熏跑。

西汉后期，给作物种子穿上一层"防弹衣"的溲种法，即"种子药物包衣法"成为防治虫害的新手段。《氾胜之书》记载了两种制作"附子"（药物包衣）的办法："又取马骨锉一石，以水三石，煮之三沸……以余汁溲而种之，则禾稼不蝗虫。""锉马骨，牛、羊、猪、麋、鹿骨一斗，以雪汁三斗，煮之三沸。捣麋、鹿、羊矢等分，置汁中熟挠和之。及附子，令稼不蝗虫。"即用各种动物的骨头和粪便熬煮"毒药"并浸泡种子，可以防治飞蝗等虫害。

《氾胜之书》还提出了用"禾麦轮作，不得重茬"的轮作法防治虫害。到了南北朝时代，轮作法被发扬光大，贾思勰《齐民要术》中不仅主张"谷田岁易"，更针对不同作物特性提出不同的轮作套种方式，如种麻篇"不用故墟"，水稻篇"岁易为良"，都是为了预防病虫害和提高作物产量。

生物治理的方法也早于东汉时期粉墨登场，由蚂蚁、螳螂、鸟类、家禽组成的"精灵军团"在与虫害的斗争中发挥了重要作用。《论衡·物事篇》中谈到："故诸物相贼相利，含血之虫相胜服、相啮噬、相啖食者，皆五行之气使之然也。"古人早就发现天地万物中存在"赤眼蜂吃虫""蜘蛛结网捕虫"的现象和规律，并应用到农耕生产中。

到了晋代，贩卖"生物武器"已经发展成产业，《南方草木状》载："交趾人以席囊贮蚁鬻于市者，其巢如薄絮，囊皆连枝叶，蚁在其中，并巢而卖。"交趾人（今中国广东及越南一带）整巢贩卖可以治理作物虫害的黄猄蚁。

南朝及唐、宋、元时期，八哥、秃鹙、鱼鹰等鸟类成为灭虫的侠之大者。南朝《南史·列传》记载了大群飞鸟消灭秋蝗的故事，唐五代出现八次鸟群吃虫的记录，《宋史》《元史》多处记载了"群鸟灭蝗"的侠义之举。故事的大意都是眼看作物就要被蝗虫啃噬干净，忽然飞来一群神鸟雷霆万钧般把蝗虫吃得干干净净，然后扬长而去。如有神助的飞鸟，大有"一嘴杀一蝗，千里不留行，事了拂衣去，深藏身与名"的侠客之气。

正因为鸟类灭虫的作用，汉、宋、元各代的皇帝都曾下诏书保护益鸟。无怪乎黄河口区域的老派稻农会认为"稻谷的灵魂藏在飞鸟的身子里"，现代人为了稻田那点屈指可数的损失盲目驱鸟，其实是在驱逐自己的盟友，实在是舍本逐末。

不止鸟类，青蛙、鱼类也是稻田除虫的好帮手。宋《渊海类函》有"蛙能食虫，必应禁捕"的记录。到了明清时代，类似今天的"立体农业"把生物治虫推向新的高度，明朝嘉靖年间户部尚书霍韬，记述了稻田养鸭治理蟛蜞和蝗螽的见闻。遥想当年男耕女织，稻田旁茅舍屋，孩子奔跑嬉笑，老人话家常，蛙鸣又稻香，岂不是人间至境。

一邦黄河口水稻万亩示范开发了稻蟹、稻虾、稻鸭、稻鳖等四种混养模式，作为虫害治理的重要补充手段，成效明显。

与霍韬同时代的李时珍，完成了虫害防治的集大成之作。《本草纲目》中叙述了使用矿物性的砒石、雄黄、石灰，植物性的百部、藜芦、狼毒、巴豆防治害虫的作用，构筑了现代农药的雏形。

人类的进攻一次比一次猛烈，反观害虫，任你刀劈斧砍，水淹火攻，乃至核武攻击，我自逆来顺受。它们的智慧绝不是硬碰硬，你给我一刀，我给你一刀，而是始终保持柔软的身段，不断进化自己的抗药性，迫使人类使用更多更强的毒药，最后残留在食物上，以子之矛攻子之盾。

5

万物并育：现代黄河口稻田的天人合一

　　稻米是人类第一大主食，稻田对农田生态系统具有举足轻重的地位。农田升级，稻田应该作为突破口。当前的时代背景下，"征服盐碱地，荒漠变稻田"这样的对抗性思维已经落伍，"大肥大药，高产高收"这种只顾人类一己之私的思维，也已经与大自然的现状和需求格格不入，人类与稻作害虫如何达成和解才是稻田升级的首要关键。

昆虫是自然界最柔软的动物，绝大多数没有攻击性，没有猛兽的獠牙利齿，没有食草动物坚硬的角蹄，也没有乌龟似的保护壳。拥有的全部家当是与身形不成比例、纤细如发的胸足，连骨骼都没有的身躯以及里面的"浆液"，是那样的渺小柔弱，时刻岌岌可危，只要信手一捏就粉身碎骨，任何其他动物都能轻易将其作为口粮杀死。

但是你听没听说过哪种农田昆虫灭绝的消息？即使人类千年来一直针对性的持续打击，农田害虫都没有哪怕一例灭绝的案例！昆虫有以至柔克至刚的智慧。这样看来，它们实在比电影里"毁天灭地、以硬对硬"的反派们有智慧多了。

我们总是夸赞勤劳的蜜蜂为人类酿蜜，其实昆虫对人类的意义何止如此。你去自然界观察，越多昆虫喜欢吃的植物，越是对人类有益。神农氏遍尝百草选出五谷，可以不必千辛万苦，只要跟着"害虫"就可以了。"害虫"才是把人类带进农耕文明真正的祖师。

而事实上，几乎每种具有成灾可能性的农田害虫，都有其天敌，其中绝大多数都是它们的同类——昆虫。例如稻纵卷叶螟就有很多天敌，尤其是寄生性天敌，对其有很大的抑制作用。在其卵期，稻螟赤眼蜂和拟澳洲赤眼蜂的寄生率可达 50%~80%，意味着稻纵卷叶螟的卵100 个只能存活 20~50 个。这存活下来的 20~50 个卵化为幼虫和蛹时，又成为卷叶螟绒茧蜂、螟蛉绒茧蜂、扁股小蜂及多种瘤姬蜂的寄主，又被消灭掉一部分。此外，在稻纵卷叶螟各形态时期，还有多种蜘蛛、步甲、红瓢虫、隐翅虫等多种捕食性天敌。同样，黏虫也有众多天敌，如黑卵蜂、多种寄蝇和捕食性蜘蛛、草蛉、瓢虫、鸟类、蛙类，对其具有重要的抑制作用。

"既然害虫都有天敌，农药对人体又有害，那就彻底不要用农药了！"

个别用心不良的商家嗅到了商机，宣称自己品牌的大米"完全不打农药"，或者"使用生石灰等对人体无害的古法虫药"。这些人要么是缺乏农耕经验、五谷不分的书生，要么就是虚假宣传、收割智商税的商人。这种宣传只能是作秀和表演，所谓生石灰灭虫，也仅仅对福寿螺等少数几种虫害有效。现代的主流耕作环境已经不允许彻底不使用农药，区别在于用药时机、毒性的高低、用药量的大小、是否残留、是否化学类农药等。现代农药的研究方向是尽量将对害虫天敌和人体的伤害降到最低。

食物链越靠近底层的动物繁殖速度越快，越往上越慢。像稻纵卷叶螟，每年最多繁殖 9~11 世代，每次产卵 100 多粒，最多可达 200~300 粒；稻蓟马每年最多繁殖 10~15 世代，每次产卵 50~90 粒。所谓"害虫"，其本质是生活在人类农田的低等昆虫。比它们高一等的天敌如赤眼蜂、青蛙等，自然繁衍的速度要慢得多；再往上，比青蛙再高一级的蛇繁衍更慢，专门吃蛇的鸟类就比蛇更慢了。大自然的规律如此，生态大系统从逻辑上无法运转。

农田的出现，对大自然生态系统而言，一定程度上帮助低等昆虫"作弊"，为其提供了从未有过的充足食物和隐蔽场所。出于追求产量的朴素思考，人类甚至会帮助它们驱除天敌，最好的例子是吓跑了鸟类的稻草人。这些以作物为食的昆虫通过人类无意间赋予的"不公平竞争手段"，获得了远远超出自然法则限定的繁衍速度。在自然法则之下，低级昆虫的繁衍速度与天敌的对比是高铁和绿皮火车，出现农耕文明尤其是进入现代耕作体系，两者的繁衍速度对比成了光速和破牛老车。

作为地球上数量最多的动物群体，昆虫在所有生物种类（包括细菌、真菌、病毒）中占比超过 50%，目前发现的种类超过 100 万。消灭昆虫，意味着摧毁大自然生态系统 50% 的链条，整个大自然崩溃了，人类该如何生存呢？并不是所有昆虫都像农田害虫一样坚强，据专家估算，在过去的 600 年中，昆虫已经灭绝了约 4.4 万种，绝大部分原因是人类活动造成的环境污染。保护自然，从人与昆虫和谐共处开始。

从神农氏开启农耕文明到剧毒农药的禁绝，这期间人类与稻作害虫的斗争史，大致可以分为三个阶段。

第一阶段，中华人民共和国成立之前：以放火烧荒、手掐脚踩、人工捕杀的"物理攻击"为主，以植物性和矿物性农药的"魔法攻击"为辅，佐以益虫、鸟类、青蛙、家禽等"生物攻击"。这个阶段虽然人类的手段无比丰富，但整体上害虫占了上风。

第二阶段，中华人民共和国成立初期至改革开放前：农药种类和数量不断增加，丰富了人类的"武器库"，化学药物成为控制虫害的主要手段，家家常备喷雾器、喷粉器，对害虫展开"核武攻击"。人类在斗争中取得了压倒性胜利，并收获短暂的幸福——"粮食丰收、吃饱穿暖"，但付出的代价却是粮食和环境被污染，稻作昆虫食物链被摧毁。茫然不觉的人类正在摧毁大自然生态系统。害虫在快速进化，不断升级抗药性，人类已经罹患"农药依赖症"，为了追求丰收丰产，用的农药越来越多，越来越频繁。

第三阶段，改革开放至 21 世纪初期："核武攻击"同归于尽的属性被人逐步认识，随着吃饭的生存问题初步解决，人类开始重新审视和评估农药的使用。农药消灭了害虫，但是稻米农药残留对人体的危害日益明显，而且人类已经尝到生态平衡被打破带来的恶果。人类开始倡导合理使用农药，并努力探索更安全绿色的生物和基因技术。如1997 年用人工繁育的赤眼蜂治理湖北某林场史上最大的松毛虫灾，2011 年黄河口投放对蝗虫专一寄生的蝗虫微孢子虫、绿僵菌和苦参碱三种生物药剂，都取得了良好的效果。

但这依然不是人与自然和谐共处的圆满解决之道。人们想吃到绿色安全的大米，人们想看到蜻蜓飞舞、蝴蝶成群，人们想听到鸟唱蛙鸣、蟋蟀弹奏，人们想拥抱碧水青山、蓝天白云，人们想顺着手指的方向，告诉孩子"你看这个世界多美"。

稻田的战争双方从人与昆虫，变成人与人。保守的一派赞成古法自然，激进的一派坚持科学领先，双方各持己见，各自奔走呼号，但情感上双方各对一半，理性上观点都不成立。

刀耕火种、广种薄收等传统稻作"古方子"有一定效果，但是它的成效建立在全球环境和气候正常、区域生态系统平衡、种植品种和耕作制度稳定的基础上，一味厚古薄今、完全反对现代农业的"高科技"，包括土壤改良、品种优化、化肥和农药使用等更是稻作的"左倾主义"。回归传统稻作，请问地力如何能养活今天这么多人口？但"右倾派"完全仰仗现代农业，忽略传统稻作文化的天人合一，后果同样严重，自然终将加速报复人类。稻作作为人与自然对话的介质，需要找到更具智慧的发展方式。

"万物并育而不相害，道并行而不相悖。"这不是道德情怀，这是天道逻辑。大自然的万事万物本是一母所生，既互利共生，又相斗相争，这两种力量的平衡就是中庸之道，亦是维系大自然生态系统稳定的根本之道。

人类作为万物之长，同时拥有保护和破坏大自然的两种能量。提到保护大自然，人们总会第一时间想到多种树，少砍树。诚然，森林生态系统需要保护和扩大，但比植树造林更重要、更紧迫的是对城市和农田系统的改造。这个庞大的人工生态系统，才是影响大自然生死荣枯的第一因素。

今天我们看问题的视角，再也不能局限于一地、一市、一国，而应俯瞰全球，环保工作是全人类共同的课题。对农田系统发展方式进行一场彻底反思和改造升级，已刻不容缓。

稻米是人类第一大主食，稻田对农田生态系统具有举足轻重的地位。农田升级，稻田应该作为突破口。当前的时代背景下，"征服盐碱地，荒漠变稻田"这样的对抗性思维已经落伍，"大肥大药，高产高收"这种只顾人类一己之私的思维，也已经与大自然的现状和需求格格不入，人类与稻作害虫如何达成和解才是稻田升级的首要关键。

人类与害虫最终达成和解，从把"害虫"这个充满歧视性和憎恨性的称呼改掉开始。在一邦黄河口稻作基地，人们称呼"害虫"为"田间昆虫"。这并非仅仅出于道德关怀，更是出于不再对它们赶尽杀绝，而是合理抑制，维护稻田生态系统的平衡和环境可持续发展的理念。

像全国其他稻区一样，当前黄河口稻作生产的虫害通常不是单虫发生，而是多种虫害病害并发，所以在稻作生产中不能只考虑单虫单病防治，"头痛医头脚痛医脚"只会顾此失彼。根据黄河口稻区地域特殊性，在生物防治、物理防治等非化学农药防控技术的基础上，黄河口水稻龙头企业一邦形成了独有的"一减二壮三防四容五治"轻量化病虫害防控系统，可能是未来"人虫和解"的范本之一。

"一减"是指减少肥料的投入，特别是氮肥的投入。因为肥料的高投入不仅会降低大米的口感品质，也是导致水稻病虫害高发的重要原因。代价是产量变低，但口感的提升带来的稻米溢价完全可以弥补因产量变低带来的损失。

"二壮"是优选优育水稻品种（均为常规稻），并通过微量元素的调剂让水稻在全生命周期"体格更强壮"，水稻长得壮，病害虫害自然少，道理就像人提高免疫力就不容易生病一样。

"三防"为种子预防、秧苗预防、分蘖预防，即在水稻生育期最重要的三个节点提前使用生物制剂预防（而非化学农药）。

"四容"是为田间昆虫网开一面，就像人要容许自己犯错一样，稻田也要容许一定数量的害虫，不能见虫就打，拒绝"过度医疗"。

如果以上四个步骤都没能有效防控虫害，以致影响到水稻减产20%及以上，果断对害虫治理，但始终坚持合理用药、延迟用药、拒绝化学农药，以稻谷质量达到绿色安全为最低标准。

"一减二壮三防四容五治"轻量化病虫害防控系统，也是黄河口立体稻作体系倒逼的成果，近一万亩稻田里合理布局了鸭子、大闸蟹、甲鱼、小龙虾等高附加值生态养殖系统，滥用农药等于"拆家"。至此，人类与虫族终于在黄河口的稻田里达成"和解"。

黄河口稻作编年考

1

得天独"打"："灭绝地狱级"的稻作环境

黄河口水稻的栽培历程，就是一部得天独"打"的历史。旱涝双灾混合"吊打"，风暴和冰雹袭击，虫鼠祸害，还有残暴的飞蝗，而黄河尾闾像《功夫》里的包租婆一样随时停水。水稻在黄河口面临的是"灭绝地狱级"的耕作环境，全世界再也找不到第二个。

殷忧启圣，多难兴邦。没有慷慨悲壮，何来英雄赞歌。深秋的黄河口，返碱的大地上好似蒙上了一层霜雪，稻农的谈笑声中，一穗穗饱满的稻谷俯首默语，沐浴日出日落，看遍朝潮暮汐，穿越重重磨砺直抵精绝。也许正因为"找不到第二个"，你才成为"唯一的那一个"。

这样想来，得天独"打"又何尝不是"得天独厚"。

人来不留宿，鸟过不筑巢。

十年九涝，旱得猫叫。

春种一葫芦，秋天收一瓢。

以上民谣是从前黄河口涝洼盐碱地自然条件的真实写照，根本扯不上什么"得天独厚"。从前有多远？大概 2000 年前后吧。

大道相通，水稻栽培等同孩子教育。当作业走进家庭，母不慈子不孝，鸡毛掸子巴掌到；当稻作走进黄河口，鸡在飞狗在叫，旱涝套餐大冰雹。黄河口水稻的栽培历程，就是一部得天独"打"的历史。水稻在黄河口面临的是"灭绝地狱级"的耕作环境，全世界再也找不到第二个。

据《东营市农业志》所载如下。

旱涝灾：1800 年至 2002 年期间，境内暴发旱灾 96 次，平均约2.10 年 1 次，其中特大旱灾 7 次，大旱灾 10 次，中旱灾 40 次，小旱灾 39 次。暴发涝灾 84 次，平均 2.40 年 1 次，其中特大涝灾 4 次，大涝灾 35 次，小涝灾 39 次。旱灾涝灾交替发生，像不像竞技场上的男女混合双打？

风灾：1950 年至 2002 年期间，境内有 36 个年份发生大风、干热风、龙卷风灾害。如果刚刚的混合双打不过瘾，请计算平均几年发生一次风灾。

雹灾：1950 年至 2001 年期间，轻雹灾几乎年年发生，重雹灾平均7 年一次。有史记载的 37 次雹灾，作物减产二三成起步，重则绝收。请再接再厉，根据以上数字，求 2002 年至 2020 年大约发生雹灾几次。

你以为这样就结束了吗？这还只是"餐前冷拼"，顶多算是开胃菜。

1949 到 2001 年，仅重大级风暴潮灾 13 次，中灾小灾时有发生。风暴潮的破坏力不仅会造成作物严重减收，摧毁农田设施，而且往往伴有人员伤亡。

黄河口区域还是田鼠的法外之地，大仓鼠和它们的小伙伴黑线姬鼠、黑线仓鼠，实现了出入特权一样，根本无法无天。境内有记载

"鼠生遍野，数十成群，白昼见人不畏。"大仓鼠简直就是行走的"复印机"，每年三月初开始交尾繁殖，至十月底结束，期间产 3~5 胎，每胎 4~14 只，平均 7~9 只。幼崽 2.5 月龄即可达性成熟，成为新一代"复印机"，经过 22 天左右妊娠期，又将出生一批性能无法匹敌的"复印机"。这是一道烧脑的数学题：初代大仓鼠一年能繁殖多少后代？

中华人民共和国成立以后，随着开荒拓地，黄河口日益增多的农田为田鼠带来了更多易于获取的食物，鼠害逐渐加重。1982 年左右开启了"盛世鼠朝"，多达 80 万亩农田沦为它们的法外之地，每亩田少则三五只，多则十余只。

传统的防治办法是在田鼠储粮季节挖鼠洞或向鼠洞灌水，这种在其他地方见效甚快的措施，在黄河口区域收效甚微。原因在于黄河口的耕地不是整片相连，而是与荒地交叉分布乃至犬牙交错，何况荒地面积远远大于耕地面积。

所以，不是人类包围了田鼠，而是田鼠包围了人类。田鼠可以在"两地之间"自由往来，"风声一紧"，就从耕地窜逃到荒地。人打得快，不如它们跑得快。天敌猫头鹰、伯劳、喜鹊及蛇是农民的好帮手，能消灭一部分田鼠，可架不住这是一台不插电的复印机。

不要忘了为鼠作伥的虫害。20 世纪 80 年代以来，稻飞虱一直呈中等偏重发生，1991 年水稻主产区垦利县飞虱暴发成灾，受害面积近 6 万亩。稻水象甲 1992 年由天津传入，从此成为黄河口水稻生产上的主要害虫，危害相当严重。其他 47 种虫害，18 种病害，诸如二化螟、稻纵卷叶螟、红线虫、稻瘟病、恶苗病，只是"地狱套餐"的"常规甜点"，跟其他地方相仿，不再赘述。真正恐怖的是东亚飞蝗，堪称灭霸级的存在。

黄河口区域地理环境复杂，荒野植被辽阔茂盛，湿地特殊的气候条件形成最适合东亚飞蝗的孳生地。尤其旱涝灾害的交替发生，更是给蝗虫提供了繁衍的最佳温床。受黄河尾闾摆动和潮汐影响，蝗区生态极不稳定，由于黄河造陆，每年淤积2万~3万亩的新生蝗区。多种因素累加，导致境内蝗区面积高达400万亩，常年发生面积180万亩，防治面积190万亩左右，占山东省蝗区面积的1/2，全国蝗区面积的1/4。而东营黄河口全境面积只有7923平方公里，仅占山东省面积的5%，全国面积的0.08%。

不夸张的说，黄河口区域承受的蝗灾压力，约等于用一根手指顶起一头成年非洲象。而黄河入海口和黄河故道两岸，呈扇形展开，向沿海方向延伸，又是蝗灾发生最高频、最严重的区域——此处正是水稻的主产区——求稻农的心理阴影面积。

东亚飞蝗一年两代，第一代发生于5月初，卵化为蝻，经30~40天羽化成虫即夏蝗；第二代发生于8月，蝗蝻经20~30天羽化成虫为秋蝗。飞蝗的脑袋上，两根"无线电"触角下，除了那一双寒光逼人的眼睛，就是裸露在外的强壮牙颚，比灭霸的椰子鞋下巴更令人胆寒，活脱脱一台来自邪恶外星系的植物粉碎机。这台堪称无坚不摧的粉碎机装置在"0油耗"，"航程"远及数百里之外的直升机上，破坏力可想而知。"飞蝗过境，遮天蔽日，声如大风，所到之处，禾稼草木皆被食尽，次年再生蝻。"

飞蝗是中国农业史上的第一大害虫，斑斑劣迹罄竹难书。《元史·五行志》："食禾稼，草木俱尽，所至蔽日，碍人马不能行，填坑堑皆盈。饥民捕蝗以为食，或曝乾而积之。又罄，则人相食。"黄河口区域是全国的老蝗区，昔日有迁飞危害，当地县志多有记载，直至现代仍时有发生。

1991 年，黄河入海口区域发生大面积蝗灾，达到国家级防治标准的有 52 万亩，其中每平方丈（每平方丈是什么概念？看看你家地砖，如果是 80×80 规格，数出来 16 块，差不多就是一平方丈）5000 头以上的重灾区 4 万亩。1998、1999 两个年头连发蝗灾，一般每平方米 50~80 头，严重达 1000 头。42 码的鞋一脚踩下去，轻轻松松 60 只。

为了从根本上控制蝗害，2000 年农业部在东营市投资建立蝗虫生态控制示范区。2001 年，占地 6 万多平米的黄河口治蝗专用机场项目上马，飞蝗防控取得一定成效，但我们也付出了惨痛代价。2002 年 6 月 11 日，一驾正在执行灭蝗任务的"运五"飞机，由于必须低空飞行，在黄河入海口处撞到一条横跨黄河两岸的钢索绳而坠毁，两名飞行员遇难。

蝗虫的防治谈何容易，每每某地暴发蝗灾，键盘侠就喜欢用指尖派遣"中国吃货"出征灭蝗，何其幼稚。1945 年，垦利多达 20 万亩农田暴发蝗灾，3 万多男女老少齐上阵，日夜不休，手捉脚踩，上下扑打，掘土扬灰，挖沟逾 1000 华里，挖坑近 17 万个，持续 50 多个日夜终于宣告灭蝗作战的胜利。为求歼灭，一定要先挖出长沟深坑，把蝗虫赶入再覆草焚烧。

不要想当然的以为科技时代就可以一键灭蝗，使用大剂量的剧毒农药或者举火空中焚烧，那是同归于尽。焚烧会烤焦庄稼以至绝收，何况蝗虫强大的飞迁能力可以轻易逃脱火网，而喷洒大剂量农药更不可取，将不分青红皂白杀灭作业半径内所有动物，摧毁区域生态，那是"孩子脏水一起泼"。

生态环保的做法是提前防治，使用生物制剂定向打击，用飞机集中喷洒对蝗虫专一寄生的绿僵菌、蝗虫微孢子虫，对动物鱼类无害的苦参碱，在保护生态大系统的前提下防控蝗害。但即使是"定向基因战"也不能根治蝗害，黄河口区域地形地貌复杂，沟渠路坝纵横交错，电线杆油井架林立，沼泽地、水洼塘、芦苇丛星罗棋布，交通不便，人迹罕至，蝗情难以第一时间掌握，查治十分困难。黄河口区域蝗害防控仍任重道远。

在"灭绝级地狱"里，旱涝双灾混合吊打，风暴和冰雹袭击，虫鼠祸害，还有残暴的飞蝗，而黄河尾闾像《功夫》里的包租婆一样随时停水。1972—1999 年，黄河断流几乎年年发生……

就像是沙漠成就了骆驼，骆驼也方便了沙漠。到底是怎样的勇气和坚韧，支撑稻作在黄河口无畏前行，乃至修炼出精绝品格。或许滚滚的黄河知道答案。黄河口是稻作的道场。

深秋的黄河口，东流逝水依旧，返碱的大地上好似蒙了一层霜雪，稻农的谈笑声中，一穗穗饱满的稻谷俯首默语，沐浴日出日落，看遍潮涨潮汐，穿越重重磨砺直抵精绝。近百年砥砺前行，水稻已是黄河口领衔小麦、玉米、大豆、高粱的"五谷之长"，成为盐碱化治理的急先锋，更是黄河口最具特色的农产品。

这片大地上的第一颗稻谷，正在沿着黄河逶迤而来。

2

其谷宜稻：黄河口稻作拾遗三千年

至少 3000 年前，黄河口大区域已有稻作。《周礼·夏官·职方氏》记载："正东曰青州，其谷宜稻麦。"上古时代九州之一的青州，其核心腹地即为今天的淄博市临淄区，而临淄区与东营广饶比邻而居，距今天黄河入海口稻作区，至多一个半小时车程。

黄河水创造了中原文明，冲刷出整个华北平原，同时也掩埋了太多过往。黄河以"善淤、善决、善徙"而著称，在华夏文明进程中，决口泛滥至少 1593 次，较大的改道 26 次。文献可查的记录，黄河自公元前 602 年由沧州入渤海以来，大的改道多达六次。今天地处东营的黄河入海口，形成于 1855 年。"三年两决口，百年一改道"之说，恰如其分。

在地图上找出河南孟津、天津、淮河下游的任意一点，将三点连线，形成的三角形区域就是黄河神龙摆尾的地方。从周定王五年至 1947 年，近 2600 年的时间里，黄河下游河道经历了从北到南，又从南再到北的大循环摆动，每一次摆动都意味着黄河水的决口改道。

在黄河改道过程中，多少因黄河水而生的文明被生生抹去？最近的一次发生于 1938 年，为阻止日军西侵郑州，国民党军队炸开花园口黄河大堤，洪水漫流整整 9 个年头。期间有的地方 7 米以上土层都被裹挟而去，有的地方被泥沙填平深埋，田园、庭院、耕作、建筑等等一切人类存在的痕迹都被擦掉。而类似等级的溃堤决口在历史上发生了将近 1600 次。

胶东杨家圈遗址，属于大汶口文化晚期和龙山文化时期，其中的稻谷遗存把山东的稻作史推进到距今 4500 年左右。请注意，整个山东省都是由黄河自西向东冲积而成，那也就意味着山东的东部比西部形成时间更晚。而胶东半岛东西横插入海的地理构造，决定了其稻作一定是从西到东传播而来。照此推演，与之西邻的黄河口文化圈在史前存在较之更为久远的稻作文明，并非毫无根据。傅家遗址出土了距今 5700 年之久的蚌镰、石镰，说明当时东营黄河口已产生高度发达的农耕文明。至于当时收割的谷物中有没有水稻，则是期待更新的考古发掘来佐证。

但至少 3000 年前，黄河口及周边区域已有稻耕。《周礼·夏官·职方氏》记载："正东曰青州，其谷宜稻麦。"上古时代九州之一的青州，其核心腹地即为今天的淄博市临淄区，而临淄区与东营广饶比邻而居，距今天黄河入海口稻作区，至多一个半小时车程。

《左传·庄公二十八年》记载："冬，筑郿。大无麦、禾，臧孙辰告籴于齐。"春秋时期左丘明由此创作的名篇《臧文仲如齐告籴》，描述的是鲁庄公二十八年（公元前 666 年）鲁国遭遇饥荒，臧孙辰即臧文仲主动请缨赴齐国买米的故事。春秋时期，今东营市无疑是齐国属地，而"籴"的原意就是"买米入仓"。由此可见，今黄河口及周边区域，最迟在 2700 年前已稻作兴旺。

东营黄河口自古就有水稻种植，但是稻作史被漫流的黄河水切割的支离破碎，只剩星星点点。新石器时代至近现代之间，发生在今东营市境内的黄河入海口改道，仅史料记载的就有三次，分别在公元11年、公元1855年、公元1947年。太多的记忆和痕迹，随黄河摆尾而湮灭。

相对于古籍经典与考古遗迹的浮光掠影，黄河口稻作的近现代历史却是了了分明，大致可以分为三个阶段：抗日及解放战争期，国营农场及人民公社期，现代农业期。

3

萌芽初发：抗日及解放战争时期

在硝烟弥漫、慷慨悲壮的抗日战争及解放战争时期，近现代黄河口稻作萌芽初发，天生的红色基因里，饱含抗战军民顽强不屈、坚韧不拔的品格，回响着抗战军民鱼水情深的赞歌。在"山东小延安"，稻米、棉花、大豆和其他军民垦殖作物一样，见证了军民一心抗战的光荣岁月。参军的前线杀敌，不能参军的老幼群众有粮出粮，有物出物，有力出力，宁愿自己忍饥受寒，也要把一袋袋粮食，一件件军装，用独轮推车从这里输送到胶东、鲁南、冀北等抗战前线。

1941 年前后，由于日本法西斯的疯狂进攻和惨绝人寰的"扫荡"，国民党的消极抗日、积极反共、包围封锁，使解放区抗日民主根据地及敌占区八路军游击部队财政经济发生空前困难。"自力更生，丰衣足食"就是毛主席为应对当时情况提出的口号，因为"吃饭是第一个问题"。是年，八路军山东纵队第三旅跨过小清河挥师北进，一举击溃黄河入海口两岸周边反动势力，在一片还没有命名的地方建立了渤海垦区抗日革命根据地，后以八大组（今东营市垦利区永安镇）为中心。而这支英雄之师，旅长正是赫赫有名的开国上将许世友，副旅长开国中将杨国夫，政委开国少将刘其人。

后来的文学作品，描述建立之初的垦区根据地，多使用"土壤肥沃，粮棉之乡"等类似的字眼，实际上，小清河以南区域才是粮棉之乡，那里是齐桓公的"后花园"，五谷棉麻、瓜果蔬菜均有出产，稻作亦有。小清河以北，以今永安镇为中心的垦区只有大片的荒漠盐碱地，芦苇荆棘丛生，遍布河沟渠洼，少有耕作的痕迹。只是因为偏僻广袤，人烟稀少，利于隐蔽，部队才舍近求远驻军于此。

驻地八路军率领不断投奔而来的人民群众，在艰苦卓绝的奋斗中，始终坚持"一面抗战，一面生产"，短短数年，竟将耕地从接近于零开拓到数万亩之多。初期尝试种植小麦、小米、高粱、大豆等作物，但由于不耐盐碱出苗都是困难，种植水稻和棉花获得成功。

直到今天，永安镇、黄河口镇及周边乡镇村庄的主要农作物仍然是水稻，因为大豆等别的作物"产量低得吓人"。而且耕种其他作物的旱田均由水田改造，即先用水稻"养地"，充分治理土壤盐碱化再改旱田。在当时缺肥少药的耕作条件下，唯一的选择是广种薄收、靠天吃饭，不然也不会喊出"开荒一亩，秋收百斤"的口号。当时亩产 100 斤稻谷，是让人欢欣鼓舞的巨大成绩。

艰苦卓绝的抗战岁月里，垦区军民不仅要对付"皇军鬼子"的进攻，还要对付"蝗军虫子"等频繁发生的蝗灾虫害。1943 年，日伪对垦区连续发动六次 5000 兵力以上规模的"扫荡"，其中 11 月份由日军中国派遣军总司令冈村宁次——亲自策划的"扫荡"，规模最大、历时最长、手段最残忍。超过 2.6 万人的日伪精锐兵力，在飞机、汽车、坦克的推进下，妄图摧毁我根据地。因逼问不出粮食物资和八路军去向，气急败坏、人格沦丧的敌人先后枪杀、活埋 31 名手无寸铁的群众。

抗日军民强忍悲愤,坚持斗争。这其中既有"小米加步枪"的八路军,扛着镰刀锄头的农民群众,还有留着"阿福"头,手持红缨枪、木棍的少年儿童。广大军民化整为零,用麻雀战与敌周旋,藏身荆棘丛、芦苇荡、庄稼田,敌进我退,敌驻我扰,敌疲我打,敌退我追,历时 21 天粉碎了日伪的扫荡,不仅夺回粮食物资,还缴获了大批武器。

同年及 1945 年,垦区均暴发了严重的蝗灾,抗日军民一队手持铁锨挖沟,一队用扫帚疙瘩拍打,将蝗蝻赶入沟内焚烧后用土掩埋。就是在这样艰苦卓绝的条件下,垦区军民不仅解决了吃饭问题,还兴办了兵工厂、被服厂、银行、子弟学校、抗日剧团,成为抗战时期山东战区政治、军事、经济、文化的稳固后方,被美誉为"小延安"。

抗日战争及解放战争时期,当时仅有不到 30 万人口的黄河口区域,先后有 2 万多名英雄儿女报国杀敌。底气是什么?底气是吃上了饭,穿上了衣。在"山东小延安",稻米、棉花、大豆和其他军民垦殖作物一样,见证了军民一心抗战的慷慨悲壮。参军的前线杀敌,不能参军的老幼群众有粮出粮,有物出物,有力出力,宁愿自己忍饥受寒,也要把一袋袋粮食,一件件军装,用独轮推车从这里输送到胶东、鲁南、冀北等抗战前线。后来的人们夸赞垦区"本事通天,粮多棉多",可那又何尝不是人民群众节省一分一毫,全力支援前线的结果。军民共筑的历史荣耀,永远不会被遗忘,不因久远而灼辉消减。

抗日战争时期,垦利人民支援抗日政府军粮 150 万公斤。

1947 年 5 月,利津县组织 1600 余人的担架大队支援前线。6 月,为支援前线,垦利县成立运粮指挥部,组织马车 120 余辆,历时 50 多天，往小清河边运粮 15 万斤。7 月，广饶县支前指挥部部署运粮任务，上解粮食 175 万公斤，出动小车 9100 余辆。

1948 年 5 月，广饶县在支援周村、张店战役和常乐、潍县战役中运出粮食 227.25 万余公斤，柴草 69.45 万余公斤。9 月，解放济南战役开始，广饶县参战民兵 1000 余人，小车 150 辆。11 月，广饶县总动员支援淮海战役，运粮 175 万公斤至济南郭店车站；广饶、利津、垦利三县，组织轮战营 2590 余人支援淮海战役。

1949 年 2 月，为支援解放战争，垦利县支前运粮 91.5 万公斤。

——摘自《东营农业史》

4

中兴时代：国营农场及人民公社时期

1950—2000 年，稻作在黄河口经历了蓄势待发与诗意浪漫，也经历了狂飙突进与功亏一篑。以广北农场、油田农场、黄河农场为代表的国营农场及人民公社将黄河口稻作推向第一次高峰，种植面积达到峰值 40 万亩。20 世纪八九十年代，"黄河口大米"名声开始变得响亮，在全国大米市场尤其是北方获得诸多认可与美誉，屡获国部级殊荣。但受黄河断流、国企改制、棉花等其他经济作物行情看涨等多重因素影响，黄河口大米日渐声隆的景象戛然而止。

"1952 年，广北农场试种水稻 39.36 亩，由于油料、农药肥料和人工等费用过高，每亩成本达 205.97 元，每公斤稻谷价 0.51 元，比上等白粳大米价格高出 80%。"尽管试验结果极不理想，但这座由华东军政委员会开办的农场，自然有军人的脾气，水稻还是作为其他作物的补充保留了下来。新中国成立的第二年就成立的广北农场，在种水稻之前有没有请教"八大组"，这是一个谜。

"黑夜给了我黑色的眼睛，我却用它寻找光明。"这首仅仅只有两行字的诗篇《一代人》，就像是一个关于追寻黄河口稻作快速发展的隐喻。"文革"第三年，诗人顾工被下放到广北农场，随他而来的是一位脸庞瘦削，眼神忧郁却又充满灵性的的少年，他的儿子，顾城。

五年的农场时光，顾城经历了什么，我们无从得知，但几乎可以肯定的是，狂热的文化运动里他是个绝不合流的异类，那双黑色的眼睛已被童话和梦幻填满。目之所及，皆为哀伤。即使诗人日后名满天下，那双眼睛仍像一洞幽深的湖水，不见星光。

《无名的小花》，是顾城留给黄河口唯一的诗歌，读来让人"感到颤栗"。

（割草归来，细雨飘飘，见路旁小花含露微笑而作。）
野花，
星星，点点，
像遗失的纽扣，
撒在路边。
它没有秋菊
卷曲的金发，
也没有牡丹
娇艳的容颜，
它只有微小的花，
和瘦弱的叶片，
把淡淡的芬芳
溶进美好的春天。
我的诗，
像无名的小花，

随着季节的风雨，

悄悄地开放在

寂寞的人间……

"像无名的小花，随着季节的风雨，悄悄地开放在寂寞的人间……"这句诗用在方兴未艾的黄河口稻作上，是那样的恰如其分。区别在于，小花是形而上和空灵的，稻作是形而下和务实的。"一即一切，一切即一。"法尔如是。

汗流浃背的庄稼汉和冰清玉洁的白雪公主，可以具有同样的浪漫和美感。如火如荼的稻作垦殖，不正是铁犁写在大地上的诗篇。吃饭和梦想，并无高下。

1961年，"三年自然灾害"的最后一年，石油部华北石油勘探大队在（东营市）东营村打出第一口工业油流井华八井，全国第二大油田"胜利油田"由此诞生。国家需要石油发展工业，开采石油需要劳动力，劳动力需要吃饭，吃饭需要自力更生。道理是明摆着的，说干就得干，垦荒耕种的"永安模式"再次激活。

次年，为了解决油田勘探和开发初期职工口粮不足的问题，华东石油勘探局山东探区开始组织油田职工家属发展农副业生产。通过三年的认真分析，总结生产经验，在"打渔张"引干渠附近的神堂农场，水稻实现亩产600斤（稻谷）的好收成，并初步达到旱涝保收，高产稳产。亩产600斤，是一次重大转折。如果说广北农场打响了中华人民共和国成立后黄河口稻作的第一枪，那么胜利油田神堂农场则拉开了黄河口水稻高速发展的帷幕。

为什么共和国成立后关于水稻的标志性事件都是由农场引爆的？

这要从东营的移民文化谈起。

20 世纪五六十年代，国家鼓励军垦民垦，在黄河入海口周边一带先后建起广北、黄河、渤海等大型国营农场，共青团孤岛林场和济南军区军马场，从全国各地迁徙来的知识青年、复员军人及家属纷纷安家落户。同期，胜利石油大会战也从祖国各地大量调集技术专家、青壮年劳动力，石油工人扶老携幼随着石油开发在当地定居。

这两次移民跟更早之前的移民大有不同，元末明初及洪武、永乐年间的移民多从山西洪洞、河北枣强迁入，虽然也有江浙、湖南地方来的人，但不是主流；民国时期则是从鲁西南菏泽、聊城、济宁等地迁入。

以前的移民多为北方人，而 1949 年后的移民原籍更加多元，来自祖国各地，有南方人也有北方人，有东北人也有西北人，有江浙沪也有云贵川，有山东人、河南人、湖北人、江西人，也有北京、天津人、上海人、广州人……南腔北调，五湖四海，熔于一炉，东营成为"缩小版"的中国。

国营农场和胜利油田带来的大量移民，有着不同的风俗习惯，自然也有着不同的饮食偏好，推动着东营的主食结构出现"南米北面"的大分化。解放初期的"农场稻作"本质上是吃米饭的乡思与水稻开荒养田的一拍即合。

在那个工业万岁的时代，石油工人"有资格也有能力对吃饭问题讲条件"。有油有钱，这是资格；有专门服务稻作的团队和技术，这是能力。事实上，从 20 世纪 60 年代到 21 世纪之初，真正引领黄河口水稻产量提升和品质改善的，正是油田农场。这中间又可以大致以 1983 年东营市建市为节点分为两个阶段：前半部分以单纯提高亩产为目标，后半部分开始改良品质。

通过提高以稻米为主的作物产量，粮食实现自给自足，这在改善油田职工生活和安置家属方面发挥了重要作用。1966 年，朱德委员长到胜利油田视察，当他看到荒漠盐碱地竟是稻田飘香，忍不住赋诗一首：

> 此处低凹荒碱地，过去草木曾不生。
>
> 石油大军大会战，方向正确计划真。
>
> 油业旺盛农亦好，四年创造告功成。
>
> 会战勋绩开天地，社会主义见雏型。

朱德的诗是热情澎湃的，也是质朴的，歌颂的是人民群众开天辟地的大本领。顾城的诗，凄美幽淡，娓娓道来，是个体向世界的呼唤。这就像黄河口稻作长时间并存的两个派别，一派精耕细作，事在人为；一派广种薄收，全凭天意。

就是从这个时期开始，水稻从东营市五谷里的"边边角"逐步提升为"五谷之长"。进入 20 世纪 80 年代，稳产高产的稻作技术趋于成熟，水稻种植进入高速发展期。尤其各国营农场陆续移交地方政府前后，各地掀起大面积种植水稻的风潮，"万亩稻田"项目纷纷上马，并在 90 年代初迎来鼎盛，种植面积达到峰值 39.5 万亩。其中胜利油田 15 万余亩，济军生产基地 10 万亩，渤海农场 7 万亩，黄河农场 2 万亩，南郊畜牧场 1.5 万亩。而打响了中华人民共和国成立后黄河口稻作第一枪的广北农场从这份名单中遗憾地消失了。

20 世纪 80 年代及 90 年代初是真正属于黄河口稻作的时代。油田人率先"富得流油"，嘴巴变得越来越挑剔，开始讲究"不仅要吃饱，还要吃好"。来自五湖四海的石油工人是天生的美食家，特别是来自传统稻米主产区的人，尤其精通点评大米品质。黄河口大米仅在石油系统内部消化，就能收到广适性等同全国调研的评价。在荣誉至上的年代，非议和差评是耻辱，而"吃石油财政"的农场体制从运作之初就带有不惜成本的底色。种种利好叠加，助推着油田稻作水平的不断提高，"更好吃的大米"开始端上餐桌，包括东营油田人的餐桌，地方群众的餐桌，还有通过石油大系统输送到全国各地群众的餐桌。

在那个没有过度营销的朴素时代，人们相信自己的味觉和感受，更胜过光怪陆离的宣传和包装。那时候的大米没有所谓的大品牌，没有双层真空铝塑包装，没有高大上的形象和宣传。大米被装在最普通的蛇皮编织袋里，保有最本真的味道。人们信奉以质论价。就是在那时，以油田农场稻米为代表的"黄河口大米"名声开始变得响亮，在全国大米市场尤其是北方获得诸多认可与美誉，屡获国部级殊荣。

但进入90年代中后期，形势又为之一变，黄河口大米日渐兴隆的景象戛然而止。受黄河断流、国企改制、棉花行情看涨等多重因素影响，黄河口水稻种植面积急速坠落。2000年前后，由最高峰时的近40万亩，快速衰落到不足10万亩。黄河日益频繁的断流，让人失去信心——尽管2000年以后从未断流；油田和地方农场国企改制，失散了掌握稻作技术的人才；经济作物行情看涨，诱使人们把水田改为旱田。反正，盐碱地已经被水稻改造成良田。

黄河口稻米扬名全国，终于功亏一篑。

5

谷底新生：21 世纪农业发展期

21 世纪的前十年，是黄河口稻作从谷底爬升的阶段，种植面积从不到 10 万亩逐步回升到 25 万亩；后十年，是黄河口稻作更换赛道的阶段，产量已不是目标，品质才是。

"在黄河口种植 100 万亩水稻不能作为我们的目标，我们的目标应该是栽培出比日本越光大米更好吃，属于中国的世界级大米。唯有自强，方能赢得尊重。"

"你终于不再朝三暮四，而我已心属他人"。

2000 年，小浪底枢纽一期工程竣工，开始发挥调蓄功能。至此，始于 1972 年的黄河断流现象喜获告终。27 年间，高度依赖黄河水的稻作，荣枯随水流起伏，渐渐耗尽人们最后的耐心。当黄河水不再断流，爱意绵绵专注滋养黄河口时，人们的心却凉了。

水来了，原来长满稻米的水田却纷纷改成了旱田，被棉花、大豆等其他作物占满。

21 世纪以来，一切以经济效益为核心，水稻本身就不是经济作物，被大面积砍掉是为势所逼。高速发展的物流带来极大丰富的商品，在人们眼里，大米已不是什么"稀罕物"。在此背景之下，归属油田的农场被解散，土地移交地方政府，国营农场破产的破产，重组的重组。那个集体大劳作的时代，终告结束。

对黄河口稻作最大的影响，不是"水改旱"，而是稻作技术人才的流失。失去了"编制"的人才，不再是"人才"，种地及与之相关的工作彻底褪去光环，成为大众眼中不那么体面的营生。支撑起黄河口稻作的技术骨干纷纷另谋出路，给正在向上发展的稻作产业来了个釜底抽薪。此处，只能是一声叹息。

群众接到分配的水田，苦于没有耕作技术，也只能望而兴叹，无奈将其改为管理起来更省心的旱田。部分保留下来的水田，精耕细作变为人种天收，插秧变成撒播，田间管理变成"佛系"生长。老百姓掌握的唯一"稻作核心科技"是遇到洪涝虫灾时焚香祭祀。

水稻在黄河口遭此境遇，值得大哭一场。

但是有稻作人坚持了下来，周红、李道德就是其中代表。当然，这种选择无关乎崇高，更多出于"一半喜欢，一半愚直"。"我最擅长的就是种稻子，换别的行业那不是舍本逐末了吗？一切从头再来，太亏。""四十不学艺，我都干了一辈子水稻了，换别的真适应不了。"

植保学专业出身的周红，原是胜利油田农场植保站的站长，最多时管理 30 万亩水田，20 万亩旱田（全胜利油田系统二级单位辖属农田），随着油田农场的解散，捧在手里的"铁饭碗"也打破了。时年 32 岁的她就像一个失去了战场的士兵一样，迷茫随之而来，"将来我能干什么"的问题萦绕着脑海。

在家里烦闷了将近一年，又到了插秧的季节，水田里清新的泥土气息又闪现出来。连续十年的植保工作已让她与稻作密不可分。周红决定去散散心，却不知不觉又走到了稻田，只是那块她曾经引以为傲的示范田，如今已是物我两非。

田埂上，一位年逾古稀的老大娘在虔诚地焚香祭祀。周红看得饶有兴趣，并很快攀谈起来。贫瘠的盐碱地，离开耕作技术，农民只能广种薄收，靠天吃饭。风调雨顺之年，庄稼收成好称为"神收"。农忙关键时节及遭遇旱涝等自然灾害，常有集众焚香求神活动。

"老大娘，您在做什么？"

"给土地神送钱粮，保佑今年有个好收成。"

"您撒这么多鱼和螃蟹是干啥？"

"你不知道啊，让稻子的魂来田里啊，稻子的魂就在鸟的身子里……"

就是通过这位老大娘，周红见识了黄河口稻作祭祀仪式。在她看来，这种仪式寄托了农民希望有个好收成的朴素愿望，更是由于稻作技术的缺乏而产生的畏惧。如果仅仅把仪式定义为封建迷信，那又何尝不是只见树木不见森林。更大的发现是农民由于缺乏稻作技术，收成远远没有发挥出潜力，"好了也就收八九百斤，一般七百斤冒头"。而当时一头扎进油田农场的周红，天真的以为"稻子一亩不都是能打1200斤吗？"

"我还有价值！"

没过多久，周红就在东营八分场开办了自己的植保站，主营业务是水稻农资，并联合经验更足、资格更老的"水稻大拿"李道德，免费为稻农传授水稻种植技术——不买东西，照样免费。

不亲历稻作的人，很容易把稻作简单化理解成"插秧、除虫、施肥、收割""有啥技术含量？"而实际上稻作远远不止这些，水稻的每个关键生长环节都需要精细管理，这些工作环环相扣，任何一点做不到位，都会带来产量和质量的下降。

近两年的时间里，凭借掌握的稻作技术，八分场植保站的老师们马不停蹄的开讲座、跑地头、下村落，神奇的事情发生了：原来平均亩产只有七八百斤的稻田，产量涨了近一半，平均打下了1200斤！

植保站一战成名，稻农纷至沓来。小获成功的植保站乘势而上，又引进了棉花种子，但这个决定让周红在2004年结结实实地栽了个大跟头。那一批从济南进购的棉花种子没有出苗，棉农面临绝收的困境。

面对压力，很多经营同一批棉种的门店都选择关门大吉，周红却选择留了下来，对凡是找来植保站的农民，没有任何理由，直接退钱。对东营以外如潍坊等地不方便来站的客户，周红开车上门退钱。但中国的农民是最质朴和最可爱的，植保站的态度让农民选择继续信任。这一百多户农民，没有一个接受退款，而是要植保站继续提供种子，全力补种。可时节已过，找到种子谈何容易，最终通过省农业厅协调，周红以高价买到合格种子分发给农户，此事才告一段落。植保站为此搭进去9万块钱，不仅把通过水稻农资赚的钱全赔了进去，还折了老本。周红甚至动了把植保站一关了事的念头。

没想到的是，接下来的两年时间，植保站因为守信经营"一飞冲天"，整个东营市总计不到10万亩的稻田，85%以上的种子、肥料、农药等农资具由八分场植保站一家供应。大获成功的植保站再接再厉，开始密切接触山东水稻所、天津水稻所、中国水稻所等专业机构，通过引种推广杂交稻，使黄河口水稻的亩产量再次腾飞，最高达到1800斤，平均1500斤。

这是令人瞠目结舌的成就，水稻能在盐碱地上有这么高的产量，简直就是神迹。消息很快传遍角角落落，自此，黄河口稻田面积停止了继续萎缩，从不足 10 万亩，开始缓缓回升到 15 万亩、20 万亩、25 万亩。尽管一时难以再现当年鼎盛期的 40 万亩水平，但黄河口稻作总算从最低谷爬了上来，得以薪火相传。

2008 年前后，国民经济打开全新局面，人民生活水平迈入更高台阶。单纯追求产量忽略口感的稻作方式，已经弊端尽显。稻农打下了更多的稻子，但并没有得到与产量相匹配的高收益。黄河口水稻的单田面积普遍较小，耕作综合成本居高，如果比拼价格，将永远比不过东北、鲁南、苏北等产区。

"要实现推广种植 100 万亩黄河口水稻的目标，我们必须另辟蹊径，提高品质。"周红猛然惊醒。为了找到种出"最好吃的大米"的答案，周红拜访了全球稻作圣地——日本新潟。

她被日本的工匠精神完全折服。整洁美丽的稻田，高科技与传统文化交相辉映，精细到无以复加的稻米加工技术，美仑美奂的餐具和充满崇敬感的餐前仪式。她像一个如饥似渴的学生，不停地请教问题，想把看到的听到的一切，包括稻种、设备、技术、文化都搬到黄河口。

"中国黄河口与日本新潟同一纬度，但是全年有效积温更长——也是中国所有大米产区无霜期时间最长的地方，水稻的生育期达到 180 天，全国最长，甚至世界最长。但我们还有很多需要提高的地方，希望能学习日本水稻的经验……"周红真诚地与日本水稻专家交流着意见，整个过程是轻松愉快的，日方专家全程礼貌周到。

但交流过后，周红欢快的心情很快被一句话打破。返程的路上，旅行团翻译说听到日本人小声嘀咕，大意是："这么多年来了这么多中国"求学者"，还是没有什么长进，中国人是种不出来好米的，虽然中国是水稻的起源国，真是遗憾……"

一直回到东营，周红一言未发。千万种思绪涌上心头，最后逐渐清晰：在黄河口种植 100 万亩水稻不能作为我们的目标，我们的目标应该是栽培出比日本越光大米更好吃，属于中国的世界级大米。唯有自强，方能赢得尊重。

从日本回来的第二年，也就是 2011 年，东营市一邦农业科技有限公司创立，原来的八分场植保站变成了一邦的农艺部。同年，在东营市政府的支持下，牵头建立了一邦·黄河口水稻万亩示范基地。出于维护黄河入海口自然保护区大生态的考虑，没有国家战略层面的政策变动，一邦基地将是整个黄河口唯一一个，也是最后一个万亩级别基地。

> "脚下的母亲河
>
> 给了我们自强不息的灵魂
>
> 面前的黄渤海
>
> 召唤我们精进不止的梦想
>
> 把每一个领域的世界级加在一起
>
> 就是复兴的中国
>
> 我们的梦想很小
>
> 小到种出一粒好吃的大米
>
> 我们的梦想很大
>
> 大到培育中国的世界级大米"

这篇创作于一邦成立之初的小诗，更像是一篇"战斗檄文"。至此，黄河口水稻的现代农业期进入了下一个发展通道，那就是从追求产量，到追求质量。

梦想回到了最初出发的地方。从 20 世纪 40 年代到 2011 年，黄河口稻作的萌芽初发与新世纪的世界级大米梦想，跨越 70 年的时间在永安会师，怀抱相同的精神再度出发。

复归眼下，一粒好吃的大米由何而来？答案是一半天赋，一半后天。

影响大米口感品质的三大环节：

育种与栽培环节

加工与贮藏环节

烹饪与品鉴环节

每一个环节又可以分为若干细化节点，任何节点出现一个漏洞，品质都不能称为"尽善尽美的完美级"，不能登峰造极。就像"语数外"三门功课一样，只有每门功课都考到 100 分，才是毫无争议的 NO.1。而这三个环节能否成功，主客观因素各占一半，努力的方向是基于天赋，把后天的因素发挥到极致。

就核心中的核心，最重要的育种与栽培环节而言，产地气候条件、环境质量、水土特点等要素至关重要，甚至构成能否出产优质稻米的先决条件，但这些外在因素全部累加在一起，也仅能完成"育种与栽培环节"一半的拼图，因为还有另一半的后天人为。

黄河口水稻产区的天赋"灭绝地狱级的生存环境"给出了满分答案。太上老君的炼丹炉能焚化万物，但烧不死孙悟空，反而通过烧炼成就了一双火眼金睛。花果山来的野猴子真正成为"齐天大圣"，炼丹炉正是涅槃升华的通道。"得天独打"何尝不是"得天独厚"，"灭绝地狱"又何尝不是"风水宝地"。

阳光与水土是出产优质水稻的根本条件。阳光是笼统的概念，准确的定义应该是基于产地有效积温和无霜期时长，水稻通过光合作用在生育期累积的能量总和，由经纬度和地形地貌决定，受水土条件的影响。水土条件决定养分环境和湿度环境。因而，出产优质水稻的根本基础，是阳光、水分、土壤三个要素的配合得当。

黄河口产区天赋条件具有三大独一无二。

其一，黄河口地处神奇的北纬 37°，背陆面海，受亚欧大陆和西太平洋共同影响，海岸线狭长且处于辽东半岛和胶东半岛的拱卫之中，因而兼具暖温带大陆性和海洋性季风气候特点，全境细沙平原没有山脉丘陵的地理构造，让季风对流效应更明显，形成比相近纬度的日本新泻、韩国水原等优质水稻产区更优越的气候条件。当然，气象灾害也更频繁。

其二，黄河口处于世界暖温带最广阔、最完善、最年轻的湿地生态系统核心腹地，是东北亚内陆和环西太平洋鸟类迁徙重要的"中转站"，越冬地和繁殖地。全年无霜期 200 天，≥10℃的有效积温 4300℃，使得黄河口水稻的生育期最长可达 180 天，为全世界之最。稻米有充足的时间汲取阳光雨露与水土精华，让品质趋近极致。

最后，黄河口每年淤积 2 万亩左右新生净土，等同于自然保护区生态标准的稻耕环境，为粮食安全种植提供绝佳屏障；黄河口土壤中钾含量具明显优势，黄河水带来极大丰富的有益养分，让谷粒天然更饱满甘醇，滋润适口。

"灭绝地狱"与"风水宝地"，本是一体两面，只因一念之差而有分别。挑战大米的美味极限，黄河口早已在顶峰守候多时，静静地等待攀岩而上的人开启她的天赋。

黄河口水稻的一生

1

耕耘萌芽期：种出好大米从"胎教"开始

　　水稻的"胎教"，始于稻田耕耘，终于种子萌发。期间尽管是人在居中协调，但人能做的其实非常有限，无非是无限放大环境天赋优势并赋予稻种，以使稻种优势发挥到极限。水稻如是，苹果如是，六畜如是，一切为大地母亲所生养的万物，若想品质登峰造极，就必须遵循这条不容更改的铁律。

　　"种稻如养儿"黄河口民谚。种出好大米，是从"胎教"开始的，与生儿育女如出一辙。

　　《列女传·母仪传·周室三母》载："大任（太妊）者，文王之母，挚任氏中女也。王季娶为妃。大任之性，端一诚庄，惟德之行。及其有娠，目不视恶色，耳不听淫声，口不出敖言，能以胎教。溲于豕牢，而生文王。文王生而明圣，大任教之，以一而识百，卒为周宗。君子谓大任为能胎教。古者妇人妊子，寝不侧，坐不边，立不跸，不食邪味，割不正不食，席不正不坐，目不视于邪色，耳不听于淫声。夜则令瞽诵诗，道正事。如此，则生子形容端正，才德必过人矣。故妊子之时，必慎所感。感于善则善，感于恶则恶。人生而肖万物者，皆其母感于物，故形音肖之。文王母可谓知肖化矣。"

太妊怀文王时，一日行三善：不善之事不看，不良之声不听，不好的话不说。即"眼不看邪曲不正的场景，耳不听淫逸无礼的声音，口不讲轻慢自大的言语。"行住坐卧处处均讲求"正道"，只要是不符合"正道"的邪色淫声唯恐避之不及。睡从不歪着身子睡，坐也不偏斜着坐，站不曾跛着脚站。气味不正的食物不吃，不合礼数的食物不吃，摆放不正的席子不坐。所以文王生下来就聪颖异常、天资厚德、悟性卓著，太妊教他一，他能识得百。君子赞叹说，文王之所以能够成为文王，这都要归功于太妊的胎教。

大道相通。生养经世治国的君王要胎教，培育登峰造极的水稻，也要"胎教"。无数次的试验早已证明，一种稻米产量如何品质如何，尤其是好吃不好吃，先天因素至少影响六成，后续的灌溉、施肥、病虫防治等田间管理至多影响三成，剩下一成是天意。其中稻作区域的纬度气候、地理风貌、水土条件、光照条件等环境天赋占了先天因素的一半，另外一半是稻种自身的天赋。而人能起到的那三成影响，其本质是如何促进环境天赋与稻种天赋的相互激发。稻作说到底，看似人作，实为天作。

水稻的"胎教"，始于稻田耕耘，终于种子萌发。期间尽管是人在居中协调，但人能做的其实非常有限，无非是无限放大环境天赋优势并赋予稻种，以使稻种优势发挥到极限。水稻如是，苹果如是，六畜如是，一切为大地母亲所生养的万物，若想品质登峰造极，就必须遵循这条不容更改的铁律。

黄河口稻区的环境天赋优势是什么？地处北纬37°，背陆面海，具有温带大陆性季风气候特征，但由于黄河尾闾生态湿地的加湿效应，又受辽东半岛和胶东半岛的拱卫，区域同时呈现温带海洋性季风气候特征，在全球范围内的稻作带具有不可替代的地域差异性。

境内无霜期长达 200 天，≥ 10℃稻作全年有效积温 4300℃，安全播种期为 4 月 10 日，安全齐穗期为 8 月 31，直到 10 月中下旬才能成熟达到收割标准，水稻全生育期 180 天，全国最长，亦为全世界最长。全世界水稻生育期最长的稻作区，不在日韩，也不在印度泰国，不在东三省，也不在台湾省，而是中国·黄河口。

水稻成长所需的能量，来自光合作用和水土养分。更长的生育期，意味着可以吸取更多的阳光雨露，更多的大地精华。同样的晚熟品种，不同的稻作区域，唯有生长在黄河口的生育期最长，更紧实的能量，让黄河口大米"天生好吃"（与合理的田间管理同样密不可分）。这是黄河口稻区独一无二的优势。

同时，受黄河水资源的制约，总体规模不可能太大（常年耕种面积 25 万亩，发展潜力 100 万亩左右），逼迫稻种选育走"小而美，精又绝"的路线，强调品质为先，协调产量。

与其他盐碱地稻作区不同，黄河口土壤呈现"盐多碱少"。根据这一土壤特性，黄河口稻田整地方式也与别地不同。一般别的稻区是春耕水整，即春天耕地、耙地、耖地、施肥、泡田五个工序连贯完成。在 20 世纪此种方式也曾是黄河口稻区的主流，但进入新世纪，尤其是 2010 年之后，一种更科学精细的耕地水整方式逐渐被推广开来，尽管跨时长、耗力多，但事实证明新方式有利于激发土地的"天赋"。

这种方式是"秋耕春水"。就是秋天开始耕翻土地，然后整个冬天"技能冷却"，来年春天再耙地、洗盐、泡田、耖地、搅浆、整平。在水稻即将收割之前，通过疏通排干降低地下水位，增强土壤渗透性，让潮湿泥泞的土壤尽快晾干。收割完水稻，旋耕机进场，把剩下的稻茬连同 12 厘米的土壤搅碎耕翻，这样做的好处一举多得：既能控制返盐，破坏杂草种子成熟，又能摧毁田间昆虫越冬老巢，加速土壤养分释放进而熟化土壤，效果不亚于"放火烧荒"，而且更为环保安全。经过一个冬天反复的晾晒和风化，冻结和消融，土壤变得疏松柔软，地下昆虫（卵）基数得到合理抑制。

春季来临，要先给稻田"搓个背，洗个澡"。在插秧前 7~10 天耙地，给土壤松松筋骨搓搓背，然后再灌水洗盐，前后冲洗至少两次，务必把土壤含盐量降至 1.5% 以下。剩下的事你都知道了，就是按照太妊胎教"非礼勿视，非礼勿听，非礼勿为"的标准完成施肥、泡田、耖地、搅浆、整平。

细心的你一定发现了黄河口稻区比别处多了一道"灌水洗盐"的工序，而且要前后两次冲洗，一些更讲究的稻田基地如一邦甚至要冲洗三次、四次，其实两次已经足够降低含盐量，多洗二次的目的在于冲走土壤里的虫和卵。当然这会大大增加用水成本，但与其等虫害暴发再治理，不如提前预防，而且这种方式更绿色，也更符合尽力维护生态平衡的精神，用水将虫卵"送走"，而不是将其消灭，或许是未来稻田人与昆虫更和谐的相处方式之一。

为了"胎教"能够尽善尽美，这个以水治虫的基地多年坚持施用一半商品有机肥，一半农家有机肥，也是为了给"胎儿"提供最佳的生长环境。同时他们发现施用无机肥会让稻田蟹的伤亡率比施用有机肥高出 25%，稻田鸭吃起来有一股"说不出来的怪味"，从此无机肥成为禁忌。

与此同时，另一种"胎教"在"育婴房"有条不紊的进行着。在标准化育苗大棚里，温湿控设备随时待命，响应稻种不同阶段的温湿度需要。这些刚从 3.5℃恒温库里取出来的稻种堪称"金疙瘩"，从去年 150 多个水稻品种中脱颖而出，不好吃的不要，不饱满的不要，颜色不正的不要，发芽率低于 85% 的不要，纯度低于 99.5% 的不要，甚至稻谷咬着声音不清脆也能成为淘汰理由。经过层层筛选，最终 150 个品种只有 5 种左右胜出，获得推广种植的资格。像不像太妊孕文王时的"目不视恶色，耳不听淫声，口不出敖言"。

稻种取出后，要先晾晒催醒，道理类似于红酒的"醒酒"，毕竟已经在低温库睡了半年，需要用阳光增强种皮的透性，提高酶活性，为"出生"发芽做准备。晾晒的同时，对这些纯度已经高达 99.5% 的种子选手再次精选，空谷剔除，秕谷剔除，虫伤剔除，病害粒剔除，杂草种子剔除，务必选出籽粒饱满、重量均衡、大小一致的"王牌军"。这跟贤妇人胎教的"寝不侧，坐不边，立不跸，不食邪味，割不正不食，席不正不坐，目不视于邪色，耳不听于淫声"又有什么分别？

"王牌军"经过药剂消毒，充分浸泡后，身体里 40% 都是水，坚硬的米粒变得柔软，显得白白胖胖，这时种子已经有点儿"宝宝"的模样，它藏在由内外颖组成的稻壳里，开始不断转化能量，敲击生命之门。

种子小腹部的那个"小白点"是它的胚，仅占种子全部重量的 2%，但却是最重要的部分，因为生命的密码就蕴藏在这小小的 2% 里。重量占比超过种子 90% 的胚乳是能量库，在水分的作用下分解释放出能量，并源源不断的输送给胚，胚芽和胚根在更微观的世界里风驰电掣般的分裂生长，在不到 3 天的时间里，胚根从无到有，并刺穿种皮向世界宣示它的存在，胚芽紧随其后打开生命的另一扇门。

新生命降世而生，很快将在广阔的稻田施展天赋。当种子的天赋和稻田环境的天赋合二为一，黄河口水稻长达 180 天的修炼自此拉开帷幕。

2

出苗育秧期：从发芽到断奶

　　当第三片叶子抽出，最早的那片不完全叶开始长出节根，真正意义上的根。当第三片叶子完全展开（三叶期），这时种子胚乳中的养分完全耗尽，从此水稻幼苗要开始自力更生了，生长发育的能量主要依靠自身光合作用获取，而不再是胚乳，类似于婴儿出生半年后，母乳的能量已经衰微，不足以支撑婴儿的成长，必须"断奶"并开始吃辅食。

人类的宝宝出生后第一件事是什么？这个还没有睁开眼睛的小东西，需要第一时间投入母亲的怀抱，吮吸乳汁。妈妈的爱让小生命感到温暖、安定、幸福。水稻也是一样，当它甫一出生，伸出幼弱的胚根和胚芽，还没有能力从陌生的世界汲取能量，生存靠的是胚乳养分。

胚根的本能是垂直向下生长，不论是将其放在土壤、水里，还是悬空，它都像依赖妈妈的怀抱一样，垂直扎向大地母亲的方向。而包在胚芽外面的芽鞘则反其道而行之，伸出地面，向天空之父的方向奔跑。

筒状的芽鞘还没有叶绿素，白白净净，就像包在襁褓里的新生儿一样脆弱。完成破土工作后，芽鞘会很快停止生长，从中抽出一"根"

具有叶绿素的叶鞘，呆萌可爱却又坚强，好奇的向这个世界张望。此时，它已经有能力通过光合作用转化能量，尽管叶鞘是不完全叶，还没有肉眼可见的叶片。当它长到 1 厘米左右的时候，原本毫无生气的秧田开始呈现一片绿色，黄河口的稻农们称之为"放青"。

3 天后，第一片真正意义上的叶子长出，它结构完整，有叶鞘也有叶片，还有叶舌、叶耳和叶枕。叶鞘紧紧的环抱住茎，不仅是重要的储藏器官之一，还是"稻苗宝宝"的守护神，负责保护蘖芽、幼叶、嫩茎、幼穗，增强茎秆强度并稳固植株。

长披针形状的叶片，是进行光合作用和蒸腾作用的主要器官，水稻能从太阳那里吸取转化多少能量，主要依靠叶片的数量和质量。寓言故事《我要的是葫芦》里，一个人只盯着葫芦，却对日渐枯萎的叶子视而不见，最后的结果是小葫芦一个又一个地掉落。水稻也是一样，要想长出好吃的大米，首先要保护好叶子，让它们苗壮生长。

地下的胚根扎的更深了一点，固定住幼苗的同时吸收土壤里的水分，输送给它的兄弟。当第一片叶子刚抽出，胚芽鞘节开始长出 2 条不定根，与第一条胚根形成三足鼎立之势。随着第一片叶子的伸长，胚芽鞘节上又陆续长出第 3、4、5 条不定根，长短不一但又互为整体，就像人类的手掌一样。从第二片叶子开始萌发到第三片叶子抽出之前，幼苗不再新生不定根，而是依靠这只"手掌"牢牢地抓住土壤，并从中吸取水和养分。

当第三片叶子抽出，最早的那片不完全叶开始长出节根，这是真正意义上的根。当第三片叶子完全展开（三叶期），这时种子胚乳中的养分完全耗尽，从此水稻幼苗要开始自力更生了，生长发育的能量主要依靠自身光合作用获取，而不再是胚乳，类似于婴儿出生半年后，母乳的能量已经衰微，不足以支撑婴儿的成长，必须"断奶"并开始吃辅食。

水稻的"三叶期"和6个月的婴儿不仅都存在"断奶"现象，在其他地方也存在颇多相似之处。我们知道，婴儿在六个月之前自带"无敌属性"，先天的抵抗力足以抵御细菌的侵袭，一般很少生病。婴儿的抗冻能力更是一流，相对而言怕热不怕冷，一些缺乏生育经验的妈妈生怕宝宝冻着，里三层外三层，反而把孩子捂坏了。但是6个月以后，来自先天母体的免疫球蛋白因子的作用逐渐减少，这时候宝宝的抵抗力较之以前有了明显的下降，一部分来自于自身免疫系统的发展完善，还有一部分来自于接种疫苗产生的抗体，宝宝也要像水稻幼苗一样"自力更生"了。

在"三叶期"之前，幼苗的短时间耐低温的能力明显更强。黄河口稻区的经验，出苗前后即使短期内气温下降到零下2℃，对幼芽仍然伤害不大；出苗到三叶期"断奶"之前，短期内日最低气温4℃以上，秧田表层土壤温度0℃以上，秧苗安然无恙。三叶期是个转折点，从"断奶"开始，秧苗的抗寒能力和对病虫害的抵抗能力急速下降，甚至是水稻一生中最弱的时期，日最低气温只要低于5~7℃，就会受到冻害，发生青枯死苗。

水稻水稻，稻作当然离不开水，就像人离不开进食。婴儿在六个月之前的主要食物是母乳，而且食量小，之后食量逐步增大。水稻在三叶期之前，只要土壤含水量达到田间持水量的70%左右就能满足生长条件，甚至都不需要水层，但三叶期之后，对土壤水分的需求量大增，最低不能低于田间持水量的80%，否则影响生长发育。

妈妈们对新生儿的照顾更是无微不至，吃完奶拍嗝，随时夜醒哄哭，晒太阳，换尿布等等等等，对水稻幼苗的照顾也是一样，稻农要时刻关注土壤营养和光照是否充足，是否缺氧以及气温变化，夜里降温要及时防冻，白天放晴再把保温罩拿掉，赶紧给幼苗晒晒太阳……这又何尝不是另一种无微不至。

可以说，从生根发芽到完全长出第三片叶子，水稻幼苗的生长特征与人类婴儿断奶前简直毫无差别，同样娇气柔弱，同样可爱，也同样需要倍加呵护。在"父母们"登峰造极的呵护下，得以自觉的生命真正上路，开始描绘壮阔。

3

返青分蘖期：3 岁看大的"小豆包"

有经验的稻农在插秧期和分蘖期，通过观察植株的高矮粗细，叶子的形状颜色，分蘖的快慢多少，能够轻易判断出来这些水稻的产量和质量。一般来说，"好吃的"品种植株形态更加纤细秀气，分蘖数量也相对较少，分蘖速度也相对更慢，自然产量就无法保证。"产量高"的品种则相反，显得粗壮扎实，分蘖更快更多。《道德经》中"物或损之而益，或益之而损"的天道在水稻分蘖期就已完全显现。

"三"是个神奇的数字，水稻幼苗长出三片叶子的时候，就不再是"幼苗"，而是"秧苗"了。当宝宝年龄到了 3 岁，性格就基本上形成了大致轮廓，从孩子的外貌特征、心理特征、个性偏好，就能大概预见到他长大成人的样子。而 3 岁到 7 岁之间，他的优点和缺点逐步固化下来，本来的天赋也逐渐被激发出来，由此推演大概能看到他青壮年时期乃至中老年时期的成就。

水稻的秧苗期也存在着类似"三岁看大，七岁看老"的现象。水稻的"三岁"应该在插秧和返青期，经过炼苗，身体逐渐硬朗的秧苗从秧田被移植到大田，这个过程叫"插秧"，恰类似于孩子 3 岁去上幼儿园。

一般情况下，当日平均气温不低于14℃时就可以插秧了，但是黄河口盐碱地跟别处不同，一般要等到日平均气温18℃才插秧，这时差不多到了5月中上旬了。刚到幼儿园的小朋友少不了闹腾，秧苗刚被移植到大田里也会出现短暂的不适应，显得赖唧唧的。经过7天左右的适应，秧苗终于缓过劲来，显得活泼泼，这叫"返青"。返青后的秧苗开始"分蘖"（水稻茎秆上长出分枝），这时候的秧苗大概相当于人类的七岁。

有经验的稻农在插秧期和分蘖期，通过观察植株的高矮粗细，叶子的形状颜色，分蘖的快慢多少，能够轻易判断出来这些水稻的产量和质量。一般来说，"好吃的"品种植株形态更加纤细秀气，分蘖数量也相对较少，分蘖速度也相对更慢，自然产量就无法保证。"产量高"的品种则相反，显得粗壮扎实，分蘖更快更多。

水稻的七岁，分蘖期，也是水稻的关键分化时期，不同品种的天赋差异开始被表达出来，原来长得一模一样的"秧苗子"开始各显其能。其生发过程中显现的规律与老子对"道"的描述完全一致。

《道德经》第四十二章："道生一，一生二，二生三，三生万物。万物负阴而抱阳，冲气以为和。人之所恶，唯孤、寡、不穀，而王公以为称。故物或损之而益，或益之而损。"

老子的学说历来的解读各不相同，甚至完全相左。或许我们在没有像老子一样彻悟之前，要紧的不是他证式的"研究求道"，而是认真生活，做好正在做的每一件事，这样反而能够听懂老子在说什么。因为我们唯一能完全确认的是，最顶级的智慧一定来源于最平凡的生活，比如稻作。

　　如果你问一个稻农什么是"道生一，一生二，二生三，三生万物。"得到的回答有可能是这样的："稻"种下去，先长出第一片叶，然后依次长出第二片、第三片，再然后稻子开始生根、分蘖。这个回答看似引人发笑，但如果深入观察，细细推演就会有惊人的发现。

　　当水稻主茎上第四片叶子抽出时，在第一片叶子的叶腋中伸出第一个分枝"第1蘖"；第五片叶子开始生出的同时，第二片叶子的叶腋中伸出"第2蘖"，依次类推。你可以把任何一个"分蘖"想象成一粒稻种，也会渐次长出第一、二、三、四片叶子，这时循环又开始了，这粒"新稻种"的第一片叶子又伸出"新的分蘖"，蘖又生叶，叶又分蘖，循环往复。

　　为了便于区分，我们把水稻主茎（相当于父茎）上的分枝叫"一级分蘖"（相当于子辈），一级分蘖上的分枝叫"二级分蘖"（相当于孙辈），并以此类推。不管是哪个世代的分蘖，都遵循上述"叶蘖同伸"关系，即"分蘖"的出现总是和上一级的父茎相差三片叶子。不管是常规稻还是杂交稻，籼稻还是粳稻，产量高还是产量低，好吃还是难吃，在中国种植还是在日本印度种植，只要你还是水稻，你就要按照这个数字规律生长。

　　水稻植株地上的部分存在着不可变更的生长规律，那地下看不到的根系呢？根和叶子之间，同样存在类似于"叶蘖同伸"的数字规律。当主茎干的第四片叶子抽出时，第一叶发根，并按照这个数字规律依次类推，"分根"与"分蘖"几乎同频生发，它俩简直就是主体与倒影的关系。

　　水稻生发的规律，不正暗合了"道生一，一生二，二生三，三生万物。"当然，水稻分蘖生根的例子也只是以手指月，并没有对这句话进行通彻的解读。但总要好过让人摸不着头脑的学术解读：道是独一无二的，道本身又赋有阴阳二气，阴阳二气相交而形成一种适匀的状态，天下万物都是在这种状态中产生的。

你不得不承认，有些东西是只可意会不可言传的。

"万物负阴而抱阳，冲气以为和。"这句话同样可以在水稻的生长中找到印证。植株地上部分的叶子，通过光合作用转化太阳能量，"自上而下"输送到全株各个部位，此为"抱阳"；地下部分的根系，通过裂变式增长不断向宽向深伸展，顶峰期的根系，横向幅度达 0.4 米，深度 0.5 米，四处伸张的根须从土壤中吸收养分能量，"自下而上"输送到全株各个部位，当然也包括叶子，此为"负阴"。

叶子转化的能量和根系吸收的能量，就是"气"，两种"气"在植株体内对冲循环，和谐均衡，是生命欣欣向荣的关键。我们在稻作田间管理时，只要看到叶子色正、健壮，就能判定根系也是健康的，反之如果叶子发黄带伤，根系也会出现问题。

但是，不变的规律里又有变化，这也是规律。

人们都认为盐碱地贫瘠，水稻产量偏低，尤其黄河口稻区，频仍的自然灾害让产量更不稳定，但恰恰是这种"人之所恶"，成就了黄河口水稻的独特魅力：绝大多数相同的品种，种在黄河口稻区明显更好吃（一邦通过分布在全国各地的卫星基地试种对比得出此结论）。有些品种植株纤细，分蘖少，分蘖慢，结出的稻穗又少又小，产量很低，这些也是"人之所恶"，但这样的品种往往比产量大的"更好吃"。

就像人人最恐惧忧虑的"孤独、寡居、饥荒"，帝王公侯却最喜欢，常常自称"孤、寡人、不谷"，因为无敌本就是寂寞的。"吃多大苦，享多大福"，这也是一种天道。所谓"人之所恶，唯孤、寡、不穀，而王公以为称。"所以很多时候，你看似受损，实则受益；看似受益，实则受损。就像黄河口水稻的"产量下来，品质上去"，所谓"故物或损之而益，或益之而损。"

稻亦有道。

4

拔节孕穗期：勇猛精进的雨季少年

　　黄河口晚稻在分蘖期至拔节孕穗期之间叶色的"三黑三黄"，其实质是生命能量的流动和调配。如果能量的调配合理得当，水稻就能在各个生长期将天赋发挥到极致，这不正是水稻的"中庸之道"？在此期间，人应该做的是完全尊重水稻的生长规律，并通过水和肥的调控帮助水稻完成各个阶段"生命能量的合理调配"。这种稻作的境界可以称为"天下至诚的无我状态"，即无为而无所不为。

　　七八月，黄河口进入雨季，此时水稻也已迈入青春期。

　　除了性格上不叛逆，拔节孕穗期的水稻跟青少年没什么两样。青春期是个体由儿童向成人过渡的时期，拔节孕穗期则是水稻分蘖期和成熟期之间的承前启后，这个阶段的重要性不言而喻，不仅迸发出一生中最蓬勃的活力，更描绘出远大前程的底色，星辰与大海，激情与梦想，纷至沓来，无限可能的人生大幕已然开启。

　　逐渐摆脱稚气的少年，有意无意的都会想到一个问题：人生的终极价值是什么？每个人的答案各不相同，《中庸》的解答也是其中一种。

"唯天下至诚，为能尽其性；能尽其性，则能尽人之性；能尽人之性，则能尽物之性；能尽物之性，则可以赞天地之化育；可以赞天地之化育，则可以与天地参矣。"这段话是《中庸》的核心精要。

既然要"尽其性"，那什么是"性"，《中庸》开宗明义，"天命之谓性"。天命就是先天使命和天然禀赋。万物都有天命，对人来说，天命就是可以让你废寝忘食、不眠不休为之奋斗的事情；对水稻（物）来说，就是登峰造极的品质。

兑现先天使命和天然禀赋，就是人生的终极价值；要实现人生的终极价值，就要行中庸之道。人生的运转和万物的生长依靠生命能量，中庸就是"生命能量的合理调配"。怎么实现能量的合理调配？"唯天下至诚"，即完全彻底地遵循自然规律，否则就成了《揠苗助长》。

"宋人有闵其苗之不长而揠之者，芒芒然归，谓其人曰：'今日病矣！予助苗长矣！'其子趋而往视之，苗则槁矣。天下之不助苗长者寡矣。以为无益而舍之者，不耘苗者也；助之长者，揠苗者也，非徒无益，而又害之。"

我们以黄河口晚熟粳稻在拔节孕穗期的成长为例说明观点。

就像青少年存在个体差异，性成熟的时间有先后一样，水稻成熟也有快慢之别，有早熟品种、中熟品种、晚熟品种。怎么直观的区分品种呢？很简单，只要数一下水稻的主茎有几个"伸长节间"就可以了。什么是"伸长节间"？甘蔗吃过吧，一节一节的那个部位，两个咬不动的梗之间的部分就是"伸长节间"。一般早熟品种有3~4个节节，中熟品种有5个，晚熟品种有6~7个。另一个判断品种的办法是数主茎上的叶子，早熟品种有10~13片，中熟品种有14~15个，晚熟品种有16个以上。

拔节孕穗期，其实是水稻的两个成长阶段，拔节就是"长个子"的意思，即水稻的"伸长节间"由短变长；孕穗指的是"幼穗分化"，即生殖器官开始发育。每一个品种进入拔节孕穗期的时间和表现都不一样。早熟品种拔节的时候，幼穗已经分化；中熟品种拔节和幼穗分化同步；晚熟品种直到第二或者第三节间（从下往上数）完成拔节，才开始幼穗分化。显而易见，早、中熟品种拔节和幼穗分化衔接或重叠，没有独立的拔节期。相反的，晚熟品种在穗分化之前，有一个了了分明的拔节期。

在拔节期，植株的外部表象是原来旺盛的分蘖生长基本停止，茎秆变得越来越高，越来越粗壮。其实质是水稻的"生长中心"由"长分蘖"转向"长茎秆"，换言之，分蘖期水稻的生命能量主要汇聚在叶蘖上，拔节期水稻的生命能量主要汇聚在茎秆上，孕穗期（稻穗分化期）及以后的扬花成熟期，能量则汇聚在稻穗上。

能量主要来源于两方面，一是叶子的光合作用转化太阳能，二是根系吸取的养分。水稻叶子的数量和伸展面积是一定的，根系的长度和覆盖面积也是一定的，这就决定了水稻一生中能够获取的能量是有限的，存在一个可量化的数值区间。水稻自身必须根据不同生长期不断变化的内外部条件，做好能量的合理调配。而黄河口晚稻在分蘖期至拔节孕穗期，"肉眼可见"的能量调配就多达六次，水稻学界称之为"三黑三黄"，即水稻各生长阶段叶片的颜色：

分蘖鼎盛期：黑

分蘖末期：黄

拔节鼎盛期：黑

拔节末期：黄

孕穗鼎盛期：黑

孕穗末期：黄

我们知道叶子的颜色会随着含氮量的变化而变化。当含氮量偏低时，叶子发黄；当含氮量偏高时，叶子发黑。因而，我们可以根据叶子颜色的变化，大致了解以氮元素为主的能量在植株上的流动分布情况。

分蘖期是水稻一生中叶片含氮量最高的时期，凡叶片中含氮量多的稻苗，分蘖及叶片就长得快而多。正常生长情况下，晚熟品种在分蘖鼎盛期，叶色会呈现第一次"黑"（深绿色），氮元素富集在叶部位，加速叶腋分蘖。

到了分蘖末期和拔节初期，叶片中的氮元素被调配到茎秆，光合作用制造的碳水化合物能量被运输到叶鞘中储存起来，以供茎秆拔节消耗，这时叶片颜色会"由黑转黄"。如果叶片仍然发黑，会造成分蘖过多，减少水稻母茎、母蘖部位的养分积累，使稻株难以长成壮秆大穗，造成下部叶片早死，根系发育不良，带来早期倒伏和招致病虫害等一系列恶果。到这里，已出现"一黑一黄"的两次能量调配。

进入拔节期，水稻的生长中心由"长分蘖"转向"长茎秆"。这时，稻株的光合作用急剧增强，大量制造能量（碳水化合物）并输送到茎秆，促进茎秆长粗长壮。根系吸收的氮元素量也比分蘖期明显增多，叶片大量合成含氮化合物并储存起来，为下一阶段的幼穗分化准备充足的营养条件，此时叶片发"黑"。

到拔节末期和幼穗分化期，叶片中的含氮化合物被大量输送给幼穗，叶色又开始发"黄"。如果拔节鼎盛期叶片不够"黑"，说明植株氮元素含量水平低，既不利于幼穗分化所需能量的储备，也难以发展出足够的叶面积，从而造成光合反应弱，碳水化合物积累少，引发"茎细穗小"的结果。但如果叶色到孕穗前期（幼穗分化）前不能转"由黑转黄"，则会造成叶片与茎秆过分生长。

幼穗分化开始后，水稻进入营养生长和生殖生长并进并重的时期，这时植株生长量爆炸式增大，根系的生长量达到一生中最大值，植株叶面积也达到最高峰，植株干物质的积累将近干物质总量的50%，因而也是水稻一生中"饭量"最大的时期，即需水和需肥最多的时期，氮、磷、钾等元素的吸收量约占一生总吸收量的50%。不仅如此，在此期间它的性格也像青少年一样变得敏感害羞起来，如果遇到气温低于17℃，花粉粒的发育就会受到影响，如果气温再低2℃，花粉粒的发育将会受到严重影响，导致雄性不育，以后"希望工程"就没得搞了。

进入孕穗鼎盛期，水稻的生长中心再次转移，由"长茎秆"转向"长幼穗"，能量随之被重新调配。这时，稻株碳代谢逐渐占据主导地位，碳水化合物快速积累，但仍需保持较高水平的氮代谢，以供幼穗分化及最后三片叶的生长需要，因此叶片的颜色再一次"由黄转黑"。如果叶色不够黑，说明氮素能量不足，不利于幼穗分化，容易造成出穗早衰，穗小粒少，而且谷粒不饱满。

孕穗末期，随着幼穗的生长需要，氮元素向穗部输送富集，叶片的含氮量快速减少，叶色会在出穗前"由黑变黄"。如果出穗前叶片仍然不转黄，过剩的氮元素会造成茎叶过分生长，植株疲弱易倒，"提前打光用于稻穗灌浆的弹药"。

黄河口晚稻在分蘖期至拔节孕穗期之间叶色的"三黑三黄"，其实质是生命能量的流动和调配。如果能量的调配合理当得，水稻就能在各个生长期将天赋发挥到极致，这不正是水稻的"中庸之道"。在此期间，人应该做的是完全尊重水稻的生长规律，并通过水和肥的调控帮助水稻完成各个阶段"生命能量的合理调配"。这种稻作的境界可以称为"天下至诚的无我状态"。

稻作如是，人亦如是。

水稻一生中的能量是有限的，人的能量也是有限的。找到你的天命所在，并通过合理调配有限的生命能量去兑现。一生只专注一件事，这个世界上从来没有全才。所谓全才的结果是这样的："初从文，三年不中；后习武，校场发一矢，中鼓吏，逐之出；遂学医，有所成。自撰一良方，服之，卒。"

水稻的品种天赋千差万别，人的先天使命和天然禀赋各不相同，"成功"的定义和实现"成功"的要素条件自然也不会相同。对稻农来说，最重要的要素是无我和甘愿平凡，因为最平凡的稻农，亦是最伟大的匠人。

知者自知。

5

抽穗成熟期：长满 180 天的"世界之最"

　　曾经那个灯芯式的小不点，那个郁郁葱葱的儿童，那个勇猛精进的少年，那个意气风发的才俊，此时已经秋气垂暮，只有株芯里似有还无的淡淡的绿色，裹含着生命最后的气息。180 天的修炼，它已兑现全部天赋，生命以另一种方式——新稻谷，得以重现。

黄河口水稻开花，一年一次，但外观也可以被描述为"花茎细如银丝，色白如玉，花形如钟"。而且因为其微小，不像牡丹、葵花、芍药那么引人瞩目，实在是"年年一开，其人不见"，但有生活的诗人没有忘记它。

宋代连文凤的《稻花》就是为其而作：

　　纷纷儿女花，为人作颜色。

　　眼饱聊自慰，饥来不堪食。

　　此花不入谱，岂是凡花匹。

　　太阳丽天中，正气从午得。

　　开此丰穰瑞，脱彼风雨厄。

　　始华郁而甘，未粲光已白。

> 我行田野间，舒啸意自适。
>
> 田者告我言，乐岁兹或必。
>
> 但期一饱死，百年漫劳役。

与连文凤同时代的董嗣杲（gǎo），亦有同名诗作：

> 四海张颐望岁丰，此花不与万花同。
>
> 香分天地生成里，气应阴阳子午中。
>
> 顷顷紫芒摇七月，穰穰玉糁杵西风。
>
> 雨旸时若关开落，歌壤谁摅畎亩忠。

在欣赏这篇佳作的时候，要注意把农历的"七月"换算成公历的"八月"。尤其是在黄河口，要看水稻开花要等到公历的 8 月中下旬。

人们常常用昙花一现来形容美好的事物转瞬即逝，毕竟昙花的花期非常短暂，从绽放到枯萎整个过程只有 5 个小时左右。但是颖花（水稻花的学名）"燃烧殆尽"只需要 1~2.5 个小时，过程中还穿插了开颖、抽丝、散粉、闭颖，可谓弹指即谢，刹那芳华。"颖花一现"实在比"昙花一现"更让人伤感。在田间昆虫的眼里，小小的颖花，可能才是它们心目中的昙花吧。

每年的 8 月 20 日前后，黄河口晚稻开始抽穗杨花，包裹在叶枕里的稻穗跃跃欲试，是时候兑现天赋了。这是恋爱的季节，稻田上空的空气是香甜的。

《大学》："物有本末，事有终始。知所先后，则近道矣。"

所有的水稻一定都读过同一所"大学"，否则颖花开放的方式不会一致奉上面这句话为铁律，尽管不同品种的抽穗与扬花时间不同。早稻和中稻的稻穗从叶鞘抽出的当天，就有部分小穗开花，二至三天达到盛花期，以后逐渐减少；晚稻在抽穗后的第二天才开花，到了第四五天才逐渐旺盛，花期又慢且长。一般黄河口晚稻所有颖花完成开花需要 15 天。

一个穗子的顶端最先"钻出来"（抽出），其上的颖花先到先得，率先开花。然后随着稻穗的抽出自上而下依次开花，抽出时间最晚的基部梗枝最后开花。即先从稻穗"主轴"的顶端开花，其次是上部的"枝梗"开花，然后从上向下，各枝梗依次开花。这是水稻开花顺序的整体大势，先主后次，先上后下。大势之下存在一股"逆流"，"枝梗"最顶端的第一粒颖花首先开放，然后倒转乾坤，从枝梗基部开花，然后自下向上，各颖花依次开放，最后开放顶端部的第二粒颖花，呈现先顶后底，先下后上的规律。

水稻为什么要按照这个次序开花？孕穗末期与开始抽穗的临界点，水稻植株积累的能量达到一生中的最高峰，以后虽然还会制造能量，但总量逐渐下降。开花需要耗费大量的能量，水稻既要节省能量，又要保证每一粒颖花开放，最具效率的办法，是枝梗顶端的第一粒颖花开放时马上"收油门"，把原先充盈于整条枝梗的大部分能量向根茎部方向收回，然后再通过"挤牙膏"的方式向枝梗方向输送，能量输送到哪朵颖花，哪朵就开放。

黄河口晚稻田（插秧种植方式）每到这个时候，两种天赋的分化就开始变得泾渭分明，一类走向品质的登峰造极，一类走向品质和产量的均衡。除了品种天赋以外，决定分化的最重要因素是氮肥的施用量，前者在水稻的一生全程不能施用氮肥即"0 氮肥"，后者允许少量施用。当然种植方式也是决定水稻品质的关键因素，插秧、直播、撒播，三种方式以插秧品质最佳。

我们知道，水稻一枝花，全靠氮磷钾。三种肥料是水稻一生最重要的营养三元素，缺一不可。水稻对氮肥的需求贯穿一生，主要起到促进水稻生长的作用，如植株长高、分蘖、长叶、生根等。从分蘖期到孕穗末期，水稻对氮素的需求达到顶峰，吸收量可占其一生总量的65%~70%，为抽穗结实创造和积累能量；一旦开始抽穗，直到成熟，氮素吸收量仅占一生总量的5%~10%。这就像人一样，尽管一生都应不停学习，但真正完成知识储备，是在朝气蓬勃、年富力强之时，即人生的上半阶段，往后的学习不可或缺，但只是在不断完善和提升已形成的知识体系。

没有知识储备，何来人生收获时刻。同样的，对水稻而言，没有氮素就根本没有产量可言。据对比，同一品种的相邻两块稻田，一块施用氮肥，一块"0氮肥"，其他田间管理相同，前者稻谷产量约550公斤左右，后者最高320公斤，产量降低4成有余。

但是自然界的规律就是如此神奇，牺牲了产量，换回来更高的品质。道德经第四十八章说，"为学日益，为道日损，损之又损，以至于无为，无为而无不为。取天下常以无事，及其有事，不足以取天下。"正是这种规律的写照。

求学，知识储备越多越利于收获文凭和职称，但知识解决不了德行的问题。德行的修为，属于求道的范畴。浅层的解读，求道与求学相反，不是"越多越好"，而是"越少越好"，及至不能再少，到达无为而无不为的境界。什么东西越少越好呢？人的欲望、自私、小我。人的培育是如此，水稻的培育也是如此。

但正像管子所言，"仓廪实而知礼节，衣食足而知荣辱"，水稻培育的方向也要因时制宜、因地制宜、因人制宜。人民群众连饭都吃不饱的时代，要把全部精力放在提高水稻产量上，以袁隆平为代表的中国水稻专家解决了这个问题，不仅是华夏民族的骄傲，也是全人类的骄傲。只有当吃饭问题得到解决，我们才有条件把研究方向转为提升品质，从单纯追求产量到追求产量与品质的平衡。黄河口稻作要感谢这个伟大的时代，在国家粮食安全得到保障的前提下，才有了向品质的登峰造极发起挑战的空间，即完全忽略产量，只专注于品质的提升。

当然了，稻田不施人工氮肥，不意味着土壤里不含有氮元素。黄河水从青藏高原巴颜喀拉山脉奔涌而来，至黄河尾闾注入渤海，历程5464千米，沿途携带九省土壤精华，天然氮、磷、钾、钙、镁、硫、铁、铜、锌、硅等营养元素极大丰富，尤其是钾元素优势异常明显，天然滋养了黄河口稻田，为大米带来更多风味。

提到黄河水，人们总是因其浑浊的外观而产生误解。而事实上，看似浑浊的河水，只要静置几分钟，沙是沙，水是水，了了分明，水质清澈。黄河水经过引黄渠的沉淀，汇聚到小则数百亩，大则数万亩的湖塘，经过进一步沉淀自净，稻田用水从湖塘汲取时，已非常清澈。

水稻的情感世界比较单纯，没有"媒人相亲"，也没有"离婚劈腿"，只有极少比例的"自由恋爱"，绝大多数都是"指腹为婚"。它属于自花授粉作物，颖花开放之初，内外颖顶部"打开天窗"，花药随着花丝的伸长逐渐被送出内外颖——此时它跟描述中的优昙花高度相似。

你是不是以为它可以展现魅力、招蜂引蝶了，其实花药在伸出之前就已开裂，花粉粒已经奉献给了自花柱头，拜天地洞房一步到位，完成自花授粉受精。花粉粒只是出来"透透气"，当然它也会随风飞散，四处出击"寻找"其他颖花，但由于自花授粉早于异花授粉，人家已经受精，它的好事也就落空了。

但也有特殊情况，当自花花粉粒败育时，就是通称的雄性不育，才能实现异交。"隔壁老王"终于得逞——或者将其称之为"自由恋爱"更为妥帖。但这种情况在整个稻田发生的比例通常低于1%，即使世风日下，最高也不超过5%。

中秋节快到了。稻田里的鸭子、大闸蟹、小龙虾各怀心事，明显比平常焦虑不安。它们陆续的被抓走，离开心爱的稻田。尤其是鸭子，不知道是哪只大能耐，勾搭一只野鸭子来，平常混在鸭群里，也不怎么怕人。节一来，飞走了，估计最伤心的就是大能耐了。可能明年它还会回来，可是大能耐已经不在了。

黄河口有两多：野兔子多，野鸭子多。如果乘飞机来东营，记得选靠窗的座位，这样飞机起飞降落时，就能更好地理解"黄河口生态湿地"风貌。大地上塘湖河沟星罗棋布，整齐的农田与疏密不一的荆棘芦苇交叉纵横，苍凉空旷却又生机盎然，与别处山水错落、大树参天的景色截然不同，呈现出自然审美的不同境界。

充足的水源和食物，唾手可得的隐蔽场所，为野兔和野鸭等野生动物提供了极佳的繁衍之地，即使在村庄里和城市边缘，野物也时常出没。去往国家级黄河口自然保护区的主干道东八路，尽管白天黑夜车辆川流不息，但道路两侧的塘湖里，白天很容易看到成群的野鸭出行，运气好的话可以看到鸭妈妈带着一"串"毛茸茸的小鸭子戏水觅食。野鸭子数量太多，不了解情况的朋友，很容易以为是人工养殖的。

不可胜数的野兔藏身靠近水源但干燥的荆棘芦苇荡，昼伏夜出，吃野菜也吃庄稼。

历史上，"黄河口肴野兔"曾是当地赫赫有名的特产，但随着生态保护的需要，法制的健全以及执法力度的不断升级，现在已经禁止捕杀、销售和食用野兔。

真正热爱稻作的人，会将害虫称为"田间昆虫"，不可生杀予夺，何况野兔、野鸭及一切野生动物。人与自然，稻作与生态是密不可分的整体。如果一个地方连野生动物的踪迹都没有，还妄谈生态种植，那是自欺欺人。

在别的稻区，通常水稻开花受精后，子房至多经过 30 天就发育成成熟米粒了。但在黄河口，这个过程需要更长时间。卵细胞的发育非常迅速，在微观世界里就像迅雷闪电一般，开花后 8~10 天，胚部便分化出胚芽、胚根、盾片及其他器官，这时便已初步具备"传宗接代"（发芽）的能力，当然还需要进一步发育成熟。与此同时，胚乳也在迅速发育，开花 5 天左右，体积就可填满整个胚囊，10 天左右胚乳细胞分裂完毕。胚乳细胞发育能快到什么程度？米粒的长度在开花 3 天后就能到颖壳的 1/2，6 天左右与颖壳等长，12 天左右与颖壳等宽，14 天左右填满颖壳，尽管它还很柔弱，远未成熟。

8 月末 9 月初，稻谷还是"生瓜蛋子"（灌浆期）的时候，20 世纪八九十年代农村儿童的"三大乐"摸鱼、偷瓜、烤稻穗首次同台登场，得以同时进行。水温适合下河摸鱼，瓜果蔬菜正是全盛季，稻谷半生不熟烤着吃最香。

娃娃兵们通常是在上午九点左右集合，人群之中只见为首的孩子王抱臂当胸，在小声的排兵布阵，"柱子和二狗去偷瓜，铁子放哨，别老摘茄子，多弄点黄瓜柿子；大兵、大树、狗蛋儿去掐稻穗……狗蛋儿你怎么又带着你妹妹来了！算了算了，就这最后一回（如果把妹妹赶回去，很可能给大人告密）。小尾巴你带火柴了吗？很好，火柴给我，你跟鲇鱼嘴去捡柴……我就等着你们了！"作案成功之后，例行要去洗澡摸鱼，因为烧黑的稻穗把手上、嘴上染得炭黑，必须净化一下。新世纪的孩子们，不论是在城市还是乡村，吃得好、爱干净、学的乖，"三大乐"已然失传，成为传说。

稻穗上的颖花，开放的时间有先后，但是稻谷的成熟没有先后，尤其是过了乳熟期，同一个稻穗、同一块稻田，甚至是同一个基地，乃至同一个稻区，任何两粒稻谷的成熟度大致相当，非常接近。早开花的，晚受精的，水稻母株没有厚此薄彼，竭尽全力输出能量，照顾到每一粒。就像一位伟大的母亲，不曾因为儿女的先来后到而亏待了哪一个。尽管，她的叶子在逐渐凋零，根系在逐渐萎缩，它再也不能像年轻时那样创造了。它要耗尽最后一丝力气，把全部都给予出去。

人在这个阶段能做的，就是等待。

尽管日中骄阳如故，但也分明感受到了秋意。黄河口淤积带及辽阔的沿海滩涂，悄悄地披上了一层红色，当地人称为"黄须菜"的翅碱蓬正由绿转红，"再不吃就老了"。这道曾是当地人抵御饥荒的野菜，如今成为黄河口最大的旅游景观"红地毯"。接天连日的翅碱蓬，好似铺在大地上的火烧云，西以芦苇荡和稻田为界，一直延伸到大海边际，火红的颜色与海水的湛蓝形成强烈对比，像水与火的交战，一半海水，一半火焰。白色的芦花与金色的稻穗，被风撩动千重浪，与如如不动的红地毯一动一静，相映成趣。黄河口已经做好准备，随时迎接"带翅膀的客人"。

如果说水是"湿地之魂"，那么鸟儿就是"湿地之灵"。从 10 月开始，多达 600 万羽的候鸟如约而至，陆续来到黄河口湿地停歇、觅食、筑巢、越冬。全球共有八条世界级候鸟迁徙路线，其中在"东北亚内陆—环西太平洋"和"东亚—澳大利亚"两条路线中，黄河口都是最重要的中转站，同时这里也是中国境内三条鸟类迁徙线路的咽喉之地，因而被鸟类专家美誉为"候鸟国际机场"。

黄河口候鸟的种类近 400 种，各种鸟儿累了归巢、饿了觅食、乏了戏水，悠然自得，与蓝天白云、雪芦红毯、碧水金稻交响成人与自然的赞歌。每年"观鸟季"都会吸引大量国内外鸟类爱好者和专业摄影师前来，他们不断搜寻着鸟类的身影，尤其是难得一见的珍惜物种。"胶卷"可要省着点用，毕竟在黄河口，仅国家一级重点保护鸟类就多达 10 余种，国家二级 50 余种，包括东方白鹳、丹顶鹤、白头鹤、灰鹤、黑鹳、疣鼻天鹅、金雕、白尾海雕、中华秋沙鸭、遗鸥都在此引吭高歌、翩翩起舞。其中东方白鹳为世界濒危鸟类，对生态环境要求极高，目前全球存量仅 3000 多只，而超过 800 只生活于黄河口。这是黄河口多年来坚持生态保护与修复的累累硕果。

天已经凉了，黄河口的稻农念叨着"八分熟，十成收；十分熟，八成收。"开始收拾农具，磨镰刀，修机器，清谷仓。从种子发芽到分蘖拔节，从孕穗扬花到结实完熟，历时 180 天，黄河口水稻终于走到乾卦九五。

现代人难以理解《易经》，不是因为她复杂，而是她的简单。易经只是对自然现象进行了忠实的描述。例如乾卦，卦辞不就是对水稻全生命周期的各个生长阶段的描述吗？

《易经》乾卦卦辞：

乾，元，亨，利，贞。

初九：潜龙勿用。

九二：见龙在田，利见大人。

九三：君子终日乾乾，夕惕若厉，无咎。

九四：或跃在渊，无咎。

九五：飞龙在天，利见大人。

上九：亢龙有悔。

分别对应水稻的六个生长阶段：

初九：种子期

九二：出苗育秧期

九三：分蘖期

九四：拔节孕穗期

九五：抽穗结实期

九六：枯熟期

水稻种子像所有作物种子一样，都有一个"休眠期"，只有到了时节才能发芽，如果人为强行催芽，结果是幼苗不能正常发育。在种子期，种子要做的是尽量使自己保持干燥，暗暗地储备能量，低调等待发芽时机，即"潜龙勿用"。

及至发芽时机成熟，种子生芽长成幼苗，此时就要走出"大棚"，到稻田里接受阳光照耀，吸取大地精华，此时应该适当高调一点，大口喝水，大口吃肥，所谓"见龙在田，利见大人。"

到了分蘖期，水稻迎来一生的关键时刻，因为分蘖是成穗的基础。

分蘖分的好，收成就好；分蘖分的差，收成就差。分蘖的数量，既不能过多，也不能过少，而是应该"恰到好处"，这对处于上升期的水稻是个考验，尤其考验稻作人的田间管理水平，水肥必须日夜合理调控，才能帮助水稻完成这一次"生命的跳跃"。

拔节孕穗期是水稻一生的决胜时刻，对氮、磷、钾等营养元素的吸收量在一生中最多，需水量一生最大，光合作用转化能量的能力最强，该阶段直接决定了稻谷的产量和质量，生长的好，就像龙一样飞上天，反之则掉进深渊，所谓"或跃在渊"。但整体上，因为有了分蘖期的铺垫，再差也差不到哪里去了，所以"无咎"。

抽穗之后的乳熟期、蜡熟期固然关键，但只要顺其自然，稻谷就能到顺利到达完熟期。此时外界人为因素如水肥调控、病害治理影响力已经很小，水稻自身的根系吸收能力和叶片光合作用也已逐渐式微，水稻的产量和质量已经在之前的环节决定，只待成熟。完熟期的稻谷色泽金黄，水分减少，干物质达到定值，籽粒饱满硬实，标志着水稻的一生来到了"飞龙在天，利见大人"的鼎盛时期。

完熟期，曾经那个灯芯式的小不点，那个郁郁葱葱的儿童，那个勇猛精进的少年，那个意气风发的才俊，此时已经秋气垂暮，只有株芯里似有还无的淡淡的绿色，裹含着生命最后的气息。180天的修炼，它已兑现全部天赋，生命以新稻谷的方式，得以重现。此时必须马上抢收稻谷，再迟几天就进入了枯熟期，顶端枝梗极易折断，米粒出现横断痕迹，让原本满分的稻米品质急转直下。如果不懂得功成身退、适时收割，就会出现"亢龙有悔"，这不正是乾卦九六的写照吗？

天地万物，从无到有，由盛而衰，循环往复，周而复始。水稻自然也不例外。

收割期间，稻农们在地头上歇息吃饭，抓几只"漏网之蟹"煮煮下饭。他们通常早上只带米饭和一点咸菜，吃的时候也不加热，因为"我们这的好米饭越凉越好吃"。

"鸭田、蟹田、龙虾田来回踩踏，又得减产了。没办法，都不好抓。"

璞玉还需再雕琢

1

安全首位：好米始于高标准贮藏

　　新稻谷打下来之后，第一件事不是加工，而是贮藏。恒温恒湿且最长不超过一年的贮藏方式对大米品质（收割后至加工完）的影响至关重要，与"安全、新鲜、食味、营养"四大要素均紧密关联。贮藏的时间越短，温湿度条件越优越，稻米越安全、越新鲜、越营养，也就越"好吃"。

　　如果稻谷不存在恒温恒湿的仓库，仅仅依靠常温贮藏，尽管 2~3 年后仍能食用，但由于持续性氧化作用，会造成稻米颜色暗淡、胚乳干裂、粉化易碎、风味尽失，新鲜和食味完全无法保障；由于油脂、氨基酸和维生素等元素的陆续降解，营养成分遭到极大破坏，还会释放酮类和醛类等臭味物质；如果遇到雨热同期，仓库内高温高湿极易导致稻谷霉变，从而被黄曲霉毒素污染。黄曲霉素裂解温度为 $280^{\circ}C$，一般的蒸煮烹饪根本无法将其杀灭。稻谷一旦成为"陈化粮"，非但失去新鲜、食味和营养，还会严重危害人体健康。

　　《孟子·尽心上》：有为者辟若掘井，掘井九轫而不及泉，犹为弃井也。

想要有所作为的人（本意指有志成为"仁者"的人），求道修行就好比挖井一样，就算挖到"九仞"（意为很深的地方），只要还没有挖出井水，那也是一口废井。求道正如挖井，贵在一以贯之，持之以恒，不忘初心，不达目的决不罢休。倘若浅尝辄止，又或者半途而废，乃至功亏一篑，都不能成仁。

稻米也是一样，要想达到品质的登峰造极，必须有"掘井九仞而不弃"的劲头，否则不过是装装样子罢了。黄河口水稻经过 180 天的生长修炼后终于成熟收割，但就品质完美程度而言，仍然处于"掘井九轫而不及泉"的阶段。收割后的黄河口稻谷，就像是一块天然的璞玉，需要进一步精雕细琢。

再高明的玉雕师傅，也只能对璞玉"做减法"，例如磨掉玉皮、夹石、绺裂、劣色等影响品相的部分，但不能"做加法"，比如拼接、沁色、披纹等——这是假冒伪劣，以次充好。真正技艺高超的玉雕师，是在尽量不破坏玉石原料完整性的基础上，根据颜色走势因材施艺，最大限度地激发玉石的本具之美。

稻谷也是一样，贮藏与加工的终极目的是在确保食品安全的基础上，最小程度的破坏大米的营养成分，最大程度的保留大米的新鲜度和食味值。黄河口稻区对一碗好米的终极定义是"安全、新鲜、食味、营养"，四大要素都做到极致，才能称之为"登峰稻极"的大米。

稻谷并不能直接食用，需要经过脱壳去皮等多道工序加工，才能变成晶莹剔透的大米。成熟的稻谷就像《满城尽带黄金甲》里披甲戴盔的将士，最外层的"颖片"呈金黄色，由四个部分组成，"内颖"是前甲，"外颖"是后甲，内外颖互相钩合，牢牢的保护住颖果；"护颖"是战靴，"颖尖"则是头盔，护住首尾。整颗稻谷看起来威风凛凛，不容侵犯。

在盔甲之下依次是"锁子甲""防弹衣""内衣"，重重防护多达七层。锁子甲俗称"果皮"，由外果皮、中果皮、内果皮三层组成；防弹衣亦称"种皮"，由胚珠的珠被发育而成，保护种子的结构；内衣有两层，透明层即珠心层，糊粉层也称外胚乳。脱掉盔甲但还穿着七层防护服的大米，就叫糙米，糙米的"防护服"占整粒米重量的5.5%~7%。

古人吃的大多是糙米，用杵臼舂米（稻谷）制成，难以煮熟，口感粗糙，且不易消化，但糙米比精米更为完整地保留了胚芽、米糠层，含有丰富的营养素和精米所缺乏的多种天然生物活性物质，如谷胱甘肽、氨基丁酸、谷微醇、神经酰胺等，被证实具有抗癌、防治高胆固醇血症、糖尿病和肥胖症的功效，对人体健康和现代文明病的防治具有重要价值。糙米在欧美日韩等国家备受欢迎，更是被美国FDA列为全谷物健康食品，倡议直接食用。但由于消费者认知不足和推广困难，我国近年来商品糙米总产量仅约70万吨，占稻米总产量不足1%。

再脱掉糙米的"防护服"，就是大米的"精华"了，也就是人们通常称为大米的部分，主要由胚乳和胚组成。胚乳的主要成分是淀粉，占稻谷质量的70%左右；胚含有丰富的多种维生素、脂肪、蛋白质和可溶性糖以及钙、钾、铁等多种人体必需的微量元素，尽管只占稻谷重量的2%~3.5%，但却是稻谷的"命门"。我们知道，如果胚乳遭到破坏，种子尚可发芽；一旦胚遭到破坏，种子就不再拥有"生命"。因此，大米加工尽可能多地保留住胚，是保留大米营养成分的关键，也是检验加工设备与技术水平的核心指标。

新稻谷打下来之后，第一件事不是加工，而是贮藏。恒温恒湿且最长不超过一年的贮藏方式对大米品质（收割后至加工完）的影响至关重要，与"安全、新鲜、食味、营养"四大要素均紧密关联，贮藏的时间越短，温湿度条件越优越，稻米越安全、越新鲜、越营养，也就越"好吃"。换言之，即使再优秀的新稻谷，如果贮藏不当，时间过长（黄河口稻区标准为普通粳稻贮藏不超过 12 个月，高端粳稻贮藏不超过 10 个月），其品质也会大打折扣，白白浪费新稻谷的天赋。

像全国其他稻区一样，黄河口贮藏大米的主流形式也是稻谷。黄河口大米标准化加工中心要求稻谷在入仓之前通过主管部门的法定农药残检测，企业内部配有专业检测部门和交叉监督机制，进行标准更高的二次检测，确保稻谷入仓之前是"清白之身"。稻谷入仓之后，通过制冷机组、通风机组、加湿与除湿设备的自动化运行，使谷仓实现全年 24 小时恒温恒湿，并要求贮藏时间最长不超过一年。

这对稻米品质的稳定至关重要。参照稻米强国经验，无一例外极度重视贮藏。第一强国日本糙米（日本储藏糙米，而非稻谷）的贮藏环境为全年恒温恒湿，需标明大米产地、品种、生产年份，并要求新谷收割之前仓库出清，如果新谷下来仓库还有陈谷，只能用于副食品深加工，如制作酱油、清酒之类，不得以大米的形式直接销售；韩国以日本标准为蓝本，构建了比日本更严格的稻米贮藏标准，尤其对稻谷收割入仓年份非常看重；曾长期雄踞大米出口量世界第一的泰国，要求香米稻谷存放时间不超过半年，但并没有关于农药残检测的法制规定，可能因为泰国香米每年多达二到三季，长得快收得快，用药水平一般较低；美国的稻谷产业为外向出口型，强调快进快出，贮藏条件同样非常先进。

田忌赛马，三局两胜。黄河口大米的带头人周红，在了解到世界稻米产业格局后，清楚的认识到：要想做出比日本更好的世界级大米，眼下可行的方式只能是"一胜一平一负"。品种优育和种植环节中国"惨胜"，贮藏环节必须至少打个平手，因为到了加工环节，我们胜的概率微乎其微。

第一个环节的胜利靠的是产地环境、品种频繁试错筛选和稻作人的用心，中国人只要认真起来，较短时间内就可以解决；第二个环节的胜利靠的是设施设备和管理标准，严格做好入库检测、温湿度控制和出入库时间管理，中国就可以跟日本等其他国家打成平手。但是到了第三个环节，可以称之为"武器装备"的加工设备，中国的平均水平不要说跟日本比，即使韩国、泰国也要远比我们先进。

日本佐竹公司和瑞士布勒公司的加工设备代表了全球大米加工机械的最高水平，尤其是日本佐竹。佐竹在全球大米加工业的地位，大致相当于二战时期的三菱，强大的科技能力把日本大米加工水平推向全球顶尖。当前中日大米加工平均水平的对比，就像二战时期日本零式战机、武藏号战列舰、重型坦克、步兵战车应有尽有。而我们只有"汉阳造"，配以少量"德械""美械"。这是代差的问题，可能没有20年、30年甚至更长的时间无法彻底解决。

黄河口粳稻正常入库要求水分标准为14.5%以下，但实际上刚刚采收的稻谷水分经常超标，有时甚至达到18%，主要原因是稻谷九成到九成半熟即开始收割，如果继续等待水分下降，则会造成品质下降。两相权衡取其利，宁愿稻谷水分超标，也要抢收。

在黄河口大米标准化加工中心，新稻谷收割后全程不落地，以免在晾晒过程中落入其他杂质，全部直接从稻田运到干燥车间，在38~55℃的环境里低温循环干燥，把水分降到14.5%以下。干燥过程中绝对禁止高温快干，那样会造成米粒腰爆，破坏稻谷发芽率，流失营养成分，对后续的贮藏形成不利影响。

稻谷烘干后，转移到恒温恒湿仓库，温度全年 24 小时恒定在 14~15℃，相对湿度恒定在 68%~70%。恒温恒湿贮藏的特点是"除了成本高其他都是优点"，首先能够达到安全贮藏的目的，不易发生霉变，其次能最大限度延缓稻谷陈化，最大限度保留大米食味，同时抑制各种微生物的生命活动，即使经过一整个夏天，加工成的大米新鲜度和食味也与刚打下来的稻米基本一致。

如果稻谷不存在恒温恒湿的仓库，仅仅依靠常温贮藏，尽管 2~3 年后仍能食用，但由于持续性氧化作用，会造成稻米颜色暗淡、胚乳干裂、粉化易碎、风味尽失，新鲜和食味完全无法保障；由于油脂、氨基酸和维生素等元素的陆续降解，营养成分遭到极大破坏，还会释放酮类和醛类等臭味物质；如果遇到雨热同期，仓库内高温高湿极易导致稻谷霉变，从而被黄曲霉毒素污染。黄曲霉素裂解温度为 280℃，一般的蒸煮烹饪根本无法将其杀灭。稻谷一旦成为"陈化粮"，非但失去新鲜、食味和营养，还会严重危害人体健康。

不良商家将这些本已不能食用的稻谷去壳后多次碾磨打蜡，甚至添加增香剂，一番"整容化妆"后再与新米高比例互混或直接冒充新米，最后换上精美的包装闪亮上市。但是外表可以骗人，味道不会骗人，这种米没有鲜味，口感更是无从谈起，味同嚼蜡，更是食品安全的巨大隐患。

这种大米唯一的优势是价格低廉，收入水平较低或生活过度节俭的人，以及为了压缩采购成本的单位和机构，往往喜欢选购此类大米。有不少人"一生"不爱吃米饭，感觉大米不好吃，其实不是大米不好吃，而是"陈大米"不好吃。真正的好大米，即使不配菜"干吃"也很美味。

水稻产业"育种种植、加工生产（贴牌代工）、品牌销售"三大环节分离的现状，使得精通全行业的人才凤毛麟角，即使是多年的大米销售人员，也很难分别出大米的新陈，更不用说普通消费者了。一袋100%的陈米还好辨认，如果是20%陈米与80%新米的混装呢？如果陈米跟新米是相同品种相同粒型呢？如果陈米和新米用同一台机器打磨再抛光打蜡呢？

最典型的例子是泰国香米和越南巴吞米的鉴别。泰国法律规定，只有"泰国皇玛丽香米"（Thai Hom Mali rice）才可以称为泰国香米，价格昂贵。而且根据加工精度（主要是外观颜色及米粒完整度）对大米进行多达13级的分级，即使都是皇玛丽香米，但只要低等级大米含量超过8%，就不允许使用"泰国茉莉香米"标识。

越南的"巴吞米"以泰国香米为母本，以白米为父本杂交培育而成，而且贮藏条件与时间缺乏统一标准，整体质量包括品种纯度、新鲜度、食味值根本无法与泰国香米相提并论，但可以轻易冒充泰国香米，因为其外观与真正的茉莉香米的差别就像六耳猕猴和孙悟空站一起那简直就是一模一样。要准确鉴别它们，通常"望闻问切"的路子完全失灵，只能通过DNA方法。

消费者可能会想，既然无法辨别，那就选择贵的吧。只能说这样选购风险相对较低，别忘了假冒伪劣也可以往上调价。

类似于茉莉香米和巴吞米难以辨别的情况在大米市场上比比皆是，消费者买个大米，难道还要上一套大米"亲子检测"、一套新陈度检测设备吗？消费者的辨识能力薄弱，给了不良商家可趁之机，而我们大油大盐的饮食习惯，更遮盖了大米的味道。好米坏米，用菜一盖，再"刁"的嘴也尝不出个一二三，这就更让不良商家肆无忌惮了。

当品种无法稳定，新鲜度缺乏标准，所谓的"品质"也就只剩下宣传攻势和精美的包装了。我们国家长期是大米生产量和消费量全球第一国，但却不是大米文化强国，跟市场乱象脱不开干系。

大米文化，说到底就是良知。

陈年稻谷并非一无是处，其实完全可以通过精深加工物尽其用，比如制作米酒、酱油、饮料等近几百种产品，还能延长产业价值链，提高附加值。但与日韩美等国家相比，我国稻米产业链条明显偏短，日本韩国用于精加工的大米占到全年大米消费量的40%以上，我国工业用米占比仅约10%，超过85%的大米还是以主食的形式被消费。正因为如此，贮藏水平对我国稻米安全显得尤为关键。

我们知道，绝大多数好吃的饭都有一个共同的前提，那就是现做现吃。不管多高明的厨神，如果没有新鲜的食材，也烹饪不出顶级的美食。名满天下的西湖醋鱼，如果使用冷冻鱼制作，必然风味尽失；黄河口鲜鱼汤，如果不是活鱼现杀，也就失去了最重要的"鲜味"。稻米虽然不是"活物"，但道理一样，区别是稻米每年集中秋收（黄河口），直到来年秋天都要吃上一年的存货，无法"现杀现吃"。

黄河口稻区的经验，是把稻谷存放在全年恒温恒湿的仓库，让稻谷保持"鲜活"状态，即加工即吃，这样在一年内能基本保持稻谷刚打下来时的品质和风味。这里不得不承认的是，黄河口标准稻米仓库是按照日本标准建立的，唯一的区别是日本贮藏糙米，黄河口储藏稻谷，但日本的做法更多的是出于节省空间和能耗，相同贮藏环境下，稻谷比糙米更利于品质的保持。

2

菩提一悟：至关重要的加工工艺

大米的品质很大程度上取决于稻米的生长环境、耕作管理、品种优劣和新陈程度，但大米加工技术水平的高低同样至关重要。

黄河口稻作环境十分优越，具有不可替代的独特性；耕作管理因地制宜，达到世界先进的生态共建级；每年引种和自培育至少 150 个水稻新品种，并从中优选出最好吃的品种，从而保证品种优势；稻谷适时收割，并通过高标准的恒温恒湿贮藏库进行新鲜度管理。种种优势的累加效应将黄河口稻谷的品质推向一定高度，但到这一步也只是走完了"九九八十一难"的前八十关。

黄河口要想打造出登峰造极的大米，还要过"加工"这最后一关，因而加工设备和技术堪称挖出井水的"最后一掘"，也是大米品质高峰的"最后一篑"。

黄河口鲜鱼汤极具地方特色，堪称来东营旅游的必尝名吃，游人尝过之后无不交口称赞，纷纷向新朋好友介绍推荐。但多年以来，黄河口鲜鱼汤始终无法走出东营在其他地市开设分店，最大的原因在于

"原料"一旦走出东营就无法稳定。把原产于黄河口的鲫鱼和黄河水一道运到外地看似是解决原料不稳定的办法，但经过舟车劳顿，鱼儿活力下降，即使烹饪方法与黄河口保持一致，也做不出那种妙不可言的"鲜味"，难以征服味蕾。

标准的鲜鱼汤做法，选用的鲫鱼必须是黄河水里（黄河水引入鱼塘）长大，每日进购并暂养在盛放黄河水的鱼池里，在鱼儿活力最旺盛的时候烹饪。为了最大限度的保留鲜味，鲫鱼在宰杀的时候不能边杀边洗，更不能流水冲洗，但又要求宰杀干净，不能有任何鱼鳃、鱼鳞及内脏残留。"擦式清理"会带来另一个麻烦，那就是"腥味"也被最大程度的保留了下来，没办法，"鲜味"和"腥味"本就是一体两面。如何在保留鲜味的同时去除腥味，那就要考验厨师的技艺了，这也是行内的不传之秘。

大米不至于像鲜鱼汤那样，走出黄河口就失去风味，但大道相通，黄河口大米的加工环节也存在类似于鲜鱼汤烹饪的"两难"：碾米不充分会造成米饭带有米糠味和饭粒发黄，而过度碾米则会使米饭无味及口感体验差，同时流失营养。

这就像鲜鱼汤烹饪过程中如何"激发鲜味"和"去除腥味"一样，必须找到那个美妙的平衡点。而在实际操作中，大米加工工艺的复杂性、精密性比鲜鱼汤烹饪技艺要复杂不止百倍，因为鲜鱼汤的原料只固定在1~2种鲫鱼，而且大小均匀；稻谷可就不一样了，黄河口水稻储备品种多达1000种，常规种植品种也有十余种，每一种稻谷的大小、高度、厚度、果皮组织致密性等性状都不相同，需要分门别类，因材施艺。大米加工不可能用一种"固定方式"包打天下。

大米的品质很大程度上取决于稻米的生长环境、耕作管理、品种优劣和新陈程度，但大米加工技术水平的高低同样至关重要。

黄河口稻作环境十分优越，具有不可替代的独特性；耕作管理因地制宜，达到世界先进的生态共建级；每年引种和自培育至少150个水稻新品种，并从中优选出最好吃的品种，从而保证品种优势；稻谷适时收割，并通过高标准的恒温恒湿贮藏库进行新鲜度管理。种种优势的累加效应将黄河口稻谷的品质推向一定高度，但到这一步也只是走完了"九九八十一难"的前八十关。黄河口要想打造出登峰造极的大米，还要过"加工"这最后一关，因而加工设备和技术堪称挖出井水的"最后一掘"，也是大米品质高峰的"最后一簣"。

如前所述，国内大米加工设备起步晚，水平落后于先进国家，很难满足打造极致品质大米的需要。如果全线引进日本或瑞士生产线，价格又过于昂贵，远远超出一般民营加工厂承受能力，可行的办法是"土洋结合"。

一邦黄河口大米标准化加工车间就是按照这种思路打造的，其生产线的主体结构由台湾省机组搭建，关键设备国外引进。我国台湾省大米加工机械受日本影响深远，装备水平在全国属于前列，虽然达不到世界顶级，但性价比突出，改造潜力巨大。

一邦以台湾设备为生产线主体，抛光机组装配瑞士布朗的湿式抛光机，色选机组装配英国索特克斯光电色选机，通过装备组合的优势互补，最终用较低的预算打造出一条"可以与日本一战"的大米加工生产线。但颗粒评定仪、米粒食味计、测鲜仪、食安快速检测仪等一系列生产辅助设备则全部采购于日本佐竹。

"不管多贵都要买，不然我们就没法加工出最好的大米。没办法，人家的科技水平比我们高，就能牵着我们的鼻子走。"每当中小学生参观加工车间，周红都要这样介绍，"不光这些加工设备，我们的插秧机也都是日本久保田生产的，农民伯伯用起来'不卡壳'，国产的就不行，老是坏。所以孩子们，我们的国家还没有实现真正的强大，这就要靠你们好好读书、努力学习，将来发明出比日本比任何国家都更先进的设备……"

大米加工看似简单，"不就是稻谷脱个壳嘛"，但实际上要想把稻谷变成大米，中间多达 11 道必不可少的工序，每一个工序都直接关系到大米最终的品质。

黄河口稻谷从原粮贮藏库出库之前，要先进行一系列的检测，包括气味、形态、菌群、安全、水分等指标，尽管贮藏条件优越，但黄河口大米标准规定生产前必须严格检测，一方面利于食品安全，一方面利于大米加工品质。

稻谷的含水量对大米加工的整精米率（完整米粒在加工批次中的比例）影响很大，最适宜加工的水分含量为 14%~15%。如果含水量过低，脱壳作业时谷粒容易脆断，碾米时胚芽容易脱落，使大米食用品质和营养下降；含水量过高，除了上述不利影响之外，还容易造成管道堵塞引发设备故障。出库检测完成后，检测员会和机械手根据稻谷数据共同商定设备运转参数，剩下的事就交给自动化的生产线了。

稻谷首先下入粮坑，然后比"大吸力抽油烟机"强大百倍千倍的吸粮风机，会通过不锈钢管道把稻谷吸入初清设备。强风去除灰尘后，稻谷们就化身为"嗨起来的夜店小王子"，随着振动筛机组运转轰鸣的"DJ音乐"，稻谷们在筛面上"蹦迪"，第一个筛面除去杂草、稻穗、麻绳等大中杂，第二个筛面除去稗子、砂石等细小杂，随后磁选机会去除掉前面遗漏的金属类杂质，第一道工序"除杂"完成。

稗子与稻子相生相伴，同样享受人类的田间服务，却不对人类做出任何贡献，还净捣乱。它是如此顽固和不觉廉耻，以至于为了清除稗子都发展出一道专门工艺了。正所谓百因必有果，你的报应就是我，稗子的末日就是它遇到振动筛的那一天，被筛掉的稗子和其他杂质一样被归拢起来，然后被当做垃圾扔掉。

除杂之后，该砻谷机表演真正的技术了。就像嗑瓜子一样，把瓜子放在两齿之间，轻轻一嗑，"咔"的一声，瓜子皮与瓜子仁分离，然后用舌尖把瓜子舔走，最后吐掉瓜子皮。砻谷机就是干这个的，不同的是你嗑瓜子一次只能嗑一颗，砻谷机就比较厉害了，一次嗑"一大把"，一小时嗑 6~10 吨稻谷吧。

嗑瓜子不能太快也不能太慢，太快嗑不干净，还容易扎伤唇舌，太慢呢，又吃得不过瘾。同时，嗑瓜子的力度要控制地恰到好处，太轻嗑不出来，太重就会"玉石俱焚"，皮和仁碎裂混杂在一起，极为折磨一个吃货的灵魂。

砻谷机的工作原理和工作要求与此类似，快慢轻重要与稻谷的形状、大小、干湿相宜，才能顺利完成稻谷脱壳和谷糙分离，分得清清楚楚，稻壳是稻壳，糙米是糙米。然后是对糙米进行精选，就像嗑瓜子时遇见发苦的也会吐掉一样。

砻谷及糙米精选工序是目前碾米工艺中的难点，没有十全十美的解决方案，世界各国的水平大体相当。黄河口一般采用多次脱壳，避免一次脱壳带来的大米品相下降，脱壳后的糙米正常的色泽一般是蜡白色或灰白色，表面富有光泽，气味让人愉悦。

真正考验技术的环节是碾米和成品整理，任务是保证大米精度，并能根据客户需求生产不同等级的大米。碾米跟砻谷很相似，砻谷是剥去稻壳产出糙米，碾米是碾掉糙米的果皮、种皮和一部分糊粉层，产出精米，但是碾米比砻谷的技术难度高出十倍不止。稻壳用原始的杵臼就可以脱掉，甚至你还可以用指甲剥掉；但想要剥掉糙米的外皮可就太难了。有多难呢？如果砻谷是嗑瓜子，那碾米就相当于同时剥十只皮皮虾，还得是单手。这个比喻能说明碾米的难度，但不能说明精度，精度级别上碾米大概相当于脑血管缝合手术吧。

糙米外皮的厚度是微米级，细密紧致，紧紧包裹住胚乳和胚，碾米不仅要求剥掉这层防护服，还要求尽量不伤害到胚乳和胚。相对而言，"外貌协会"要求磨掉越多越好，因为磨得越深越显白，磨得少会发黄，影响"颜值"；"营养学会"要求磨掉越少越好，因为磨的越多，胚乳和胚受损越多，而胚的营养含量最为丰富；"吃货天团"要求不能多磨，也不能少磨，磨多了失去风味，磨少了米饭有米糠味，都不好吃。统筹考虑，最佳的解决方案还是要采纳"吃货天团"的意见，兼顾外观品质、营养品质、食味品质，既不多磨，也不少磨，而是"刚刚好"。

要实现"刚刚好"三个字谈何容易。留胚米就是"刚刚好"的典范代表，外观与普通大米相仿，但"营养内涵"远非普通大米能比，不仅更好吃，而且含有丰富的维生素 B_1、维生素 B_2、维生素 E 及膳食纤维等现代饮食结构中必不可少的营养素，堪称"天然维生素胶囊"。长期食用留胚米可促进人体生长发育、补充皮肤营养、调节肝脏积蓄脂肪、促进人体胆固醇皂化，在注重养生的日本是主流的食用类型，但在我国还没有引起消费者的广泛关注。

生产留胚米的秘诀是"多级轻碾"，这也是整个大米加工过程最能体现设备和技术水平的关键。黄河口大米加工车间采用"二砂二铁"工艺，通过四级轻碾轻擦，四机出白，胚乳和胚受损小，碎米少，碾白均匀。

"二砂"不是二傻，指的是两套"砂辊碾米机组"，以剥离糙米的果皮、种皮为目的，用研削砂辊接触米粒，通过冲击作用剥削糠层；"二铁"更不是二铁柱，指的是两套"铁辊碾米机组"，以剥离糊粉层为目的，依靠增加米粒间压力所产生的摩擦力来剥离糠层。

机械手会根据稻谷不同的形状、软硬程度、粒型长短、水分含量等指标调整设备运行参数，一般将砂辊碾磨比例控制在15%~20%，尽量不要切削到淀粉层，这样才能保证留胚和食味。

适宜碾白的糙米水分含量为13.5%~15%。黄河口稻谷贮藏在恒温恒湿的仓库里，水分适中，但在碾白之前一般也要对糙米进行雾化着水处理并润糙一段时间，以增加糙米表层的摩擦系数，这样更利于糙米表层的研削和擦离，降低碾白压力，从而提高整精米率和碾白均匀度。

碾米工序结束后，由于米粒摩擦变热，在受到凉风的吹拂后容易"感冒"，产生裂纹，所以需要用提升机而不是气体吸管输送到下一个工序。

"二砂二铁"工艺在国内处于先进水平，但跟日本比还存在客观差距，尽管日本也是四机出白。日本在顶级稻米加工设备中应用的陶瓷辊比金刚砂辊的碾磨效果更细腻，使得胚芽保留率达到80%以上，胚芽完整度超过30%，通常每100克大米中胚芽的重量能保持在2克以上。黄河口的留胚米品质参数尽管没有超越日本，但水平差距不大。

让人唏嘘不已的是，国内关于留胚米的技术标准尚处于空白阶段，加之缺乏相关法规制约，有些商家把胚芽保留率不到50%的大米也宣传成留胚米，个别激进的"概念派"更是过分，在他们的定义里，胚芽保留率能有30%就是营养顶呱呱、金贵无比的"胚芽米"。这就像某个时期广为流行的年份酒，只要在新酒中滴入一滴所谓"20 年老酒"，整瓶就成了"二十年陈酿"。

后续整理阶段，抛光必不可少，能起到清除米粒表面浮糠和糊化淀粉的作用，有助于提高米粒光洁度和大米保鲜。不必要的是过度抛光，因为每增加一道抛光，营养成分就减少一分。这就像女人化妆，适度化妆美丽出行，但如果整日浓妆艳抹，面部皮肤会不可避免的加速老化，那就得不偿失了。

抛光之后是分级，即根据档次级别将大米中的整米和碎米进行不同比例的分离。与其他国家一样，我国大米分级中的"碎米含量"也是重要指标（大碎米为长度小于同批试样米粒平均长度 3/4，留存 2.0 毫米圆孔筛上的不完整米粒；小碎米为通过直径 2.0 毫米圆孔筛，留存在直径 1.0 毫米圆孔筛上的不完整米粒）。

最新版的大米国家标准（GB/T 1354–2018）中，"优质粳米"的碎米率标准为：一级 ≤ 5.0%、二级 ≤ 7.5%、三级 ≤ 10.0%；"普通粳米"的碎米率标准为一级 ≤ 12.5%、二级 ≤ 15.0%、三级 ≤ 20.0%。黄河口大米行业标准高于国标，一邦等企业标准高于行业标准。

大米加工的最后一道工序是色选，这个可不是皇上翻牌子那个"色选"，前面几道工序完成后大米品质大局已定，色选相当于试卷答题后的"检查"，通过色选机的运转，把异色粒、腹白粒及未清理干净的杂质除去。

我们可以把色选机想象成一个拥有无数手指的"怪兽"，它一发现异色粒就毫不留情地弹它们的"脑瓜崩"。色选工序看似无关紧要，其实兹事重大，毕竟颜色是品质鉴别最重要的外观表征之一，也是普通消费者选购大米最重要的评判手段之一。

色选工序的重点是黄色粒和垩白粒的去除。

黄粒米是指大米受本身内源酶或微生物酶的作用而使胚乳呈黄色（区别于陈化粮的发黄），与正常米粒色泽明显不同但不带毒性的颗粒，虽基本不影响安全，但严重影响外观、食味和营养；垩白粒（腹白粒）是没有完熟的米粒，米粒不透明的部分是因为其淀粉粒排列疏松，颗粒中充气引起光折射，影响外观和营养，但不影响安全和食味。

总之异色粒都属于瑕疵，应该尽量清除，但建议消费者理性看待垩白粒，只要垩白度不超过4%，一般不必大惊小怪。反而是完全没有垩白的大米需要"注意一下"，太"整齐"的大米往往隐藏着人工的过度造作，但给人的视觉效果完美得像一个文艺大叔，看似温良恭俭让，其实久经情场心如冰箱，很容易蒙骗无知少女的心。

打包后，大米终于变成了你熟悉的模样。

从种子发芽，到分蘖、拔节、抽穗完熟，水稻的一生活灵活现的演绎出《易经》乾卦；在下半场，黄河口稻谷从深秋的开镰收割，经贮藏、加工，最后打包上市，整个过程又呈现出《易经》坤卦的走势。

坤卦卦辞：

元亨，利牝马之贞。

君子有攸往，先迷后得主，利；西南得朋，东北丧朋，安贞吉。

初六：履霜，坚冰至。

六二：直方大，不习无不利。

六三：含章可贞，或从王事，无成有终。

六四：括囊，无咎无誉。

六五：黄裳，元吉。

上六：龙战于野，其血玄黄。

霜是天气转寒的信号，凛冬最初的开始，而稻米收割则是后续加工与食用的开始。起秋霜的时候，黄河口晚稻就要收割了，再晚一些随时可能会来一场冰雪，到时候后悔可就来不及了。稻谷宜抓紧时间收割，不可再像从前长在稻田那样随风摇曳，动个不停，而应像万物一样归藏（冬眠），静静地修养自己的品德。坤德好静不好动，割下来的稻谷正是如此。所以，"履霜，坚冰至。"

稻谷离开了稻田，离开了大地母亲，去往"新家"。什么样的新家才好呢？要像大地母亲的怀抱一样好。大地的本性是"直、方、大"，即广大无边，辽阔无比，而且这种本性不是后天习得，而是先天本具。在稻田自然脱落的稻谷不会"压摞"，但收割后人们将其捆扎成袋，或汇聚成山，极易闷捂发热产生霉变，这时就要把稻谷存在恒温恒湿的仓库，这种仓库就像"直方大"的大地母亲。为什么黄河口稻谷贮藏库的温度要设定在 14~15℃，相对湿度设定在 68%~70%，无限模拟秋收时大地的温湿度条件。

"含章可贞，或从王事，无成有终。"凡事不急不躁慢慢来，摸清对方脾气，充分尊重但不惯着毛病，这样最好。稻谷加工时宜慢不宜快，宜轻不宜重，根据稻谷不同的脾气调整工艺，刚柔相济，这样加工出来的大米就算"无成"，也能"有终"，品质差不到哪里去的。黄河口稻米加工中的"二砂二铁"工艺，通过四个机组轻碾轻擦，多级出白，正是快慢刚柔各相宜，所以才能产出外观、营养、食味达到均衡的留胚米。

加工好的大米装进袋子（即"括囊"），开始推向市场，这时的心理状态不是大功告成式的欢庆，而应是诚惶诚恐：异色粒正常吧？小石子都挑干净了吧？包装不会漏气吧？消费者会喜欢吗？更深层的隐忧在于大米变质往往从胚开始，因而留胚米会比普通米的保质期更短，也更容易变质变味；"生物防治"种出的大米比"高毒杀虫"的大米更易生米虫。这两种"好大米"明明质量更好，却更容易出现质量投诉。没办法，世界常常颠倒。所以大米上市最初阶段，最怕的不是卖不动，而是出现质量问题，所谓"无咎无誉"，不求赞誉，但求无过。

大米被认可后，不艳羡低价产品的客户数量，也不眼馋大品牌的销量，不急于扩大市场，老老实实地做一个"美丽的老二"，只做自己能力范围内的事，专注于高品质大米，并将其做出特色、直至"登峰造极"，不求做大做强，只求长长久久，这就是"黄裳，元吉"。如果贪心不足，一拥而上，起的快也会倒的快，各行业这种例子比比皆是，那就成了"龙战于野，其血玄黄"了。

上六的第二层暗喻是"极致追求品质"的大米只能为少数人所享，永远只能作为大米行业的支流，居于从属地位，而不是主导地位。毕竟，品质与产量成反比。按照黄河口稻区经验，高品质稻谷亩产量不到我国水稻平均水平的一半，如果人人只吃高品质，稻田只种高品质品种，意味着我国稻谷年产量要下降至少一半，那岂不是"龙战于野，天下大乱"？

上六的第三层隐喻是"产量"和"品质"这两条龙将来必然走向和谐均衡，既不能以产量为纲忽略品质，也不能只关注品质忽略产量，未来稻米产业的主流发展方向是种植生产品质和产量均衡互补的大米。

未来并不远，均衡型大米已经成为黄河口稻区的主流。

3

王中之王：中国黄河口对决日本越光

日本现有水稻种植品种 100 多个，主流种植的只有 10 多个，越光在日本国内对决的水平大致相当于"村战"；而黄河口一地每年就有 150 个新品种，十年下来就是 1500 个，小粒香不仅跟它们逐一对决，还要每年去全国各个稻区对决，"大战规模"远远超出越光的想象。

作为水稻的起源国，中国的优质大米品种只要解决种植环境和贮藏方式，不新陈互混，不跨种互混，不整碎互混，就不会比世界上任何一种大米差——何况是身经百战而不败的王中之王！

大约在公元前 300 年前后，稻作从中国传入日本。稻作传入之前，日本处于渔猎采集的绳文时代；传入之后，日本人开始吃上了稻米，并由此开启农耕文明的弥生时代。到了 1956 年，日本水稻新品种"越光"横空出世，并在其后的几十年里不断升级，始终牢牢占据"世界米王"的地位。日本稻作成了我们只可仰望的星辰。人们评论日本大米时，其实更多的是指越光，尤其是新潟鱼沼出产的越光。尽管泰国茉莉香米和印度巴斯马蒂香米同样在世界享有盛誉，但暂时无法挑战越光米，尽管越光米几乎没有香味。

越光米在 1944 年诞生之初并不叫"越光"，而是一串数字。新潟县农事实验场的高桥浩之将农林 1 号和农林 22 号进行杂交，得出越光的 1.0 版本。随后日本战败，育种工作被迫中断。1946 年在福井县继续杂交实验，并于 1953 年在新潟县小范围种植。因福井与新潟同属古日本越州地域，于是在 1956 年这种杂交水稻品种被正式命名为"越光"，寓意"越州之光"。

由于越光米颗粒饱满，富有光泽，黏弹爽滑，风味上佳，又易于培育种植，很快在日本全国推广开来。到 1979 年，越光米一跃成为日本种植面积"第一米"，自此从未滑落冠军宝座。2005 年，播种比率更是达到了惊人的 38%，一副一统江山的架势。同年，升级版本"越光 BL"逐渐替代原有品种，成为新一代米王。

今天，日本在大米良种优育与种植、加工设备与技术、烹饪设备与文化、安全与品质管理等产业链各环节建立起全面优势，成为毫无争议的世界第一。即使行业之外的人，大概也能从几年前"大陆游客抢购日本电饭煲"事件中窥见日本稻作的整体水平。

黄河口稻作人对日本的感情是复杂的。近十年来一直将日本越光作为挑战的终极目标，但同时又一直在学习日本稻作技术，从生态化种植，到稻米贮藏、加工及质量体系都受到日本稻作的深刻影响，这是不得不承认的事实。

当年周红从日本"求学"回来憋了一口气，立志要培育出比日本越光更好的大米，但是真到了可以"对决"的时候，完全没有了当初咬牙切齿的情绪，而是归于平淡。这一方面出于"师徒情谊"，另一方面出于理智：仇恨对手，并不会让对方衰弱，更不会让你自身更强大；树立一个强大的对手，重要的不是打败它，而是超越自己。

黄河口大米最具代表性的品种有两个，一个是小粒香，一个是周米，两个品种各具特色。

小粒香是年轻的多重杂交品种，2011 年在黄河口试种，2013 年开始规模种植，至今已与超过 1500 种大米（黄河口）进行过品质对决，战绩保持不败，因而被推举为黄河口大米的当家王牌，特点是香气清雅、米粒油亮、滋润爽弹、甜味十足、蒸煮两宜。周米是传统的黄河口大米品种，当地培育历史超过 50 年，由于黄河口土壤天然弱碱性，使得周米极易糊化，米汤黏稠、糯香可口、味香微甜，更适宜专门熬粥。

如果用周米与日本越光对决，得先看是哪种烹饪方式，如果是蒸饭，周米毫无胜算（口感偏软）；但如果是熬粥，越光又根本不是对手，所以两者完全没有可比性。还是用小粒香出战吧。

黄河口大米的品质标准"安全、新鲜、食味、营养"，与中国武圣的四大特点刚好吻合：三国第一武力值，此为安全；赤兔马一日千里，此为新鲜；身长九尺美髯公，此为食味；义薄云天千古谈，此为营养。

宫本武藏那两把武士刀寒光如雪，正如越光的外观；一生未尝败绩，正如越光的难以企及；决斗六十余次无一败绩，正如越光称霸世界四十载；单斩吉冈流派七十六人，正如越光搭配刺身寿司的停不下来。

日本现有水稻种植品种 100 多个，主流种植的只有 10 多个，越光在日本国内对决的水平大致相当于"村战"；而黄河口一地每年就有 150 个新品种，十年下来就是 1500 个，小粒香不仅跟它们逐一对决，还要每年去全国各个稻区对决，"大战规模"远远超出越光的想象。

作为水稻的起源国，中国的优质大米品种只要解决种植环境和贮藏方式，不新陈互混，不跨种互混，不整碎互混，就不会比世界上任何一种大米差——何况是身经百战而不败的王中之王！

之所以这么风马牛地扯一通，其实是因为小粒香和越光难以实现让中日双方都心服口服的"公平的对决"，也是出于对双方文化的尊重。

如果让国际专家评委团评判，中国人会说中国米好，日本人则可能会相反（事实上，由中日韩等多国专家组成的评审团曾判定小粒香优于越光）；如果让第三国评委评判，那就完全失去了意义，因为小粒香是专为中国人培育的，又不出口；如果用食味测试仪评判，那肯定不行，因为这种测试仪只有日本佐竹生产，而且以越光大米为基础参照；如果用直链淀粉含量、矿物质含量等数值评判，看似公平合理，但显而易见评判美女不能只靠三围数据。

其实对决这件事情本来很简单，因为大米是用来吃的。黄河口小粒香蒸一锅，日本越光蒸一锅，邀请大众盲测就好了，你只要观察哪一锅消耗的更快，哪个品种就更好吃。

每次看到更快露出的锅底，周红都暗暗在想：起码给自己了个交代。

黄河口小粒香与日本越光大米指标对比

品　　名	小粒香、日本越光	等　　级		1 级
型号规格	各 5 千克 / 袋	检验类别		白米
检测项目	大米蒸煮感官评价	检验依据		GB/T 15682—2008
指标分值	具体特性分值	样品得分		
		小粒香		日本越光
气味（20 分）	具有米饭特有的香气、香气浓郁（20 分）	19		16
外观结构（20 分）	颜色洁白（7 分）	7		7
	有明显光泽（8 分）	8		8
	饭粒完整性（5 分）	5		5
适口性（30 分）	黏性（10 分）	10		9
	弹性（10 分）	10		10
	软硬度（10 分）	9		9
滋味（25 分）	咀嚼香甜味浓郁（25 分）	23		20
冷饭质地（5 分）	成团性（2 分）	2		2
	黏弹性（2 分）	2		2
	硬度（1 分）	1		1
综合评价		96		89
评比	蒸煮感官综合评比结果为小粒香优于日本越光			

4

究极奥义：黄河口对一碗好米的定义

黄河口大米在遵照国家标准中直链淀粉含量规定的基础上，针对稻区特色，从感官品尝的角度提出了更高也更细节化的食味要求：米粒油亮有光泽，让人看了触动食欲；入口时滋润爽滑，黏度适中，柔软有弹性；咀嚼时香中回甜，咽下后余味爽净，舌齿间不返杂味，让人越吃越想吃；凉饭不回生，比热饭更胜一筹。

什么是一碗真正的好米？一邦黄河口大米给出的定义是"安全、新鲜、食味、营养"。定义即为标准，要建立标准离不开数字量化，否则就不能称之为标准，而是概念或理念。

这四大因素除了"食味"，其余三项都可以单纯通过数字量化判定达标与否，例如安全方面的各项农药残、霉变菌落检测，国家和企业均有明确的数字化指标；新鲜方面，黄河口企业（一邦）的判定标准是用于生产优质大米的稻谷存放时间自收割之日不得超过一年，且要求储存环境温度恒定在 14~15℃，相对湿度恒定在 78%~80%；至于营养方面，虽然不至于对每种营养元素都进行数值管理，但只要对"胚芽指数"做好管控就能建立合理标准，优质黄河口大米要求胚芽保留率 80%，胚芽完整度 30%，允许数值下浮区间最多不得超过 2 个百分点。但一碗好米最重要的"灵魂"，食味就不同了，无法单纯用理性的数字化衡量，多少带一点"玄秘"的色彩。

简单解释，食味描述的是同一产地和种植标准、同一收割年份、同一贮藏条件和加工工艺的某一"特定品种"大米的"食用滋味"。也就意味着只要出现新陈米互混、不同品种互混、优劣米互混等任一互混情况的大米，就不再属于"食味米"的范畴，也就谈不上食味了。

"食味"这个词是典型的汉字出口转内销，最早见于《礼记》，但首次将"食味"和"大米"两个词组合在一起的是日本人，并由中国稻米专家引入国内，近十年来逐渐被人所熟识，但更多的人在首次听到"食味米"时往往不解其意。

在中国古经典中，食味的意思是品尝滋味、吃饭。《礼记·礼运》："人者，天地之心也，五行之端也，食味、别声、被色而生者也。"此处食味的意思偏于辨别、品尝、享受滋味。《礼记·郊特牲》："笾豆之荐，水土之品也，不敢用常亵味而贵多品，所以交於神明之义也，非食味之道也。"食味在此处又有饮食、吃饭的意思。但食味经过"出口日本又转内销"，尤其是跟大米组合后又有了新的含义。

大米业内对食味的定义一般是"食味也叫适口性，指米饭在咀嚼时给人的味觉器官所留下的感觉，如米饭的黏度、弹性、软硬度、香味等。"（其实由于忽略了"不得互混"的前提，这种解释并不准确）翻译成人话，就是"好吃的"，这样解释尽管充满敷衍感，甚至有点曲解其意，但更能为大众接受。那么大米"食味值"也就好理解了，就是"好吃的程度"。

那么，什么样的大米才好吃？

这要从大米的胚乳成分说起。胚乳中主要含有两种淀粉，一种是直链淀粉，一种是支链淀粉。直链淀粉就像它的名字一样"又直又楞"，性格阳刚，含量越多大米越不吸水、越发干、越暗淡、越硬；支链淀粉就婉约含蓄多了，性格阴柔，含量越多大米越吸水，越发黏、越有光泽、越软也越甜。

极端的例子是糯米（不分籼粳），几乎不含直链淀粉，所以才长的肤色乳白，不透明无光泽（也有半透明的），又黏又甜能把嘴巴粘住，吃多了烧心。由此可见，直链淀粉和支链淀粉必须合理搭配，大米才好吃。就像一个女孩子，太阳刚不行，那是魁梧女汉；太阴柔也不行，嗲的让人浑身难受。以婉约温柔为主，还有一点儿刚性和韧性，才是理想型性格。

我国 2009 年版大米国标（GB/T 1354-2009）规定，优质籼米的直链淀粉含量为 14%~24%，优质粳米的直链淀粉含量为 14%~20%，一定意义上代表了食味的数字量化，但不断有大米从两个方向举出反证：有的品种直链淀粉含量符合国家优质大米标准，但食味一般；有的品种未达到优质米标准，但其食味被消费者广泛认可。最新版国标（GB/T 1354-2018）对直链淀粉的含量数值区间进行了微调，优质籼米和优质粳米分别调整为 13%~22%，13%~20%。

直链淀粉含量是衡量大米食味的重要指标，但不能作为判断食味的绝对标准。就像评价一个人，性格是很重要的依据，但不是全部。那在直链淀粉含量指标的基础上再加上感官品尝评价，是不是就能准确判定食味了呢？

事实上，我国大米国标早在 2009 年版就有"品尝评分值"（近似食味值测评）项目，即试样在规定条件下制得米饭的气味、色泽、外观结构、滋味等各项因素评分值的总和，并规定优质一级不得低于 90 分，优质二级不得低于 80 分，优质三级不得低于 70 分。

明明有食味的评判标准和办法，为什么执行效果并不理想呢？

首先我国幅员辽阔，六大稻作带分布的经纬度、海拔、气候、土壤属性各不相同，适宜种植的水稻品种多种多样，连黄河口这个被"排除出"六大稻作带的小地方，近十年都有超过 1500 种新品种引进，何况其他主流稻区。

我们不可能像日本那样只需要 10 来种水稻就可以基本满足全国稻区的环境差异。中国水稻品种的地域差异化，使得全国人民天然缺乏统一的味觉沟通基础，品尝评分也就难以摆脱地域局限性。试想，一群人坐在一起开会，连语言都不通，还怎么沟通？而日本就不存在这种情况，比如一说越光米，大家都吃过，味觉基础基本一致，再去对某一个品种进行感官品尝测试，很容易得出一致结论。韩国、泰国就更是如此了。

大米品尝评分不仅缺乏味觉沟通基础，而且由于我国人口众多，不同区域、不同年龄段、不同饮食习惯的人口味差异巨大，对美味的理解也不相同。道理类似于粽子的南北之别，北方只认甜口，南方咸甜都有，但以咸口为主；还有豆腐脑（豆花），北方人只爱咸口，南方人则喜欢甜口。

最后，我国特有的粮食国家储备轮换制度，在稻谷采购时只以粒型和外观区分品种，并将其混存入仓。即只要"长的一样"的稻谷就被归为同一品种，而实际上即使相同粒型相同外观，也完全可能是两种不同的品种，食味亦完全不同。越南巴吞米和泰国香米就是例子，外观、粒型完全相同，但食味一个天上一个地下，你能说它俩是一个品种吗？

稻谷轮换经过拍卖出仓，竞拍成功的收购单位就是想检测该批次稻谷的食味值，也无法准确。这就催生了我国特有的大米"互混"国标规定，指的是不同粒型、外观的大米混合，而不是"不同品种"的大米混合——新米和陈米互混完全合规（符合食品安全的前提下），香米和非香米互混也完全合规，只要是粒型、外观相同。

当大米品种无法恒定、新陈度不统一时，食味品质其实是一个伪概念。由于我国的特殊国情，从感官品尝角度对大米食味评比，中国不太可能像日韩、泰国等国家那样形成清晰的、统一的、全民普适的标准。中国毕竟不是那种"天气预报只要一句话就够了"的国家。所以，站在全国角度，回答什么样的大米好吃，还真是不容易。

黄河口大米在遵照国家标准中直链淀粉含量规定的基础上，针对稻区特色，从感官品尝的角度提出了更高也更细节化的食味门槛要求：米粒油亮有光泽，让人看了触动食欲；入口时滋润爽滑，黏度适中，柔软有弹性；咀嚼时香中回甜，咽下后余味爽净，舌齿间不返杂味，让人越吃越想吃；凉饭不回生，比热饭更胜一筹。

在黄河口大米示范企业一邦那里，食味被作为品质追求的核心，在品种选育、种植管理、仓储加工各关键环节都有具体的数字指标要求，而且极为苛刻。

为了打破食味感官测评的地域局限性，一邦规定每年要对 210 种以上大米品种进行食味对比。其中红方 150 种，为每年引进或自培育品种；黑方为全国六大稻作带最受欢迎的品种，每个稻作带 10 种。总计 210 余种水稻品种首先从生米的气味、粒型、加工精度、留胚率、色泽、异色粒、杂质、整精米率等八个指标进行第一轮对比；然后是第二轮对比，将同组大米在相同蒸煮条件下进行烹饪，测试对比各品种的吸水性、膨胀性、伸长性、糊化性、回生性等烹饪品质；最后一轮决赛局才是真正的品尝对比，从米饭的形态、色泽、气味、适口性及滋味进行"最后的对决"。

为了保证对比的客观性，测评被分为内评和外评，前两轮测试因为过于专业，归在内评；烹饪与品尝测试，则是外评为主。一邦充分利用东营移民城市人口多元化的优势，并通过全国各地多种形式的推介会，平均每月组织 3000 名以上消费者进行大米品质盲测。其中，新稻收割期间集中邀请，开镰节单次品测人数不低于 2000 人；通过研学旅行等农旅活动，中小学生及成人游客盲测全年不低于 30000 人次。通过海量盲测的大数据统计，得出相对最客观的大米食味品评数据。

一邦根据每年的食味数据变化，指导来年的种植方向，小范围试种与大面积推广相结合，年复一年的积累，不断升级进化产区稻米食味品质。

在种植管理环节，食味型大米稻田坚持"少即是多"的理念，完全忽略产量，单纯以追求食味极致为目的，种植全程不施用氮肥。因为大米蛋白质含量越高，食味值越低，不施用氮肥能尽量降低蛋白质含量，提升口感。有的人会说蛋白质含量低，营养不就下降了吗？事实上大米的蛋白质超过 70% 存在于大米胚乳里，而胚乳所有的营养价值只占整粒精米的 20% 左右，真正的营养精华 80% 储存在胚芽。

提高胚芽留存工艺，尽可能多的保留住胚芽，才是保留大米营养价值的关键所在。稻谷贮藏要求恒温恒湿的目的，除了保持大米的新鲜度之外，还为了更好地保持胚芽活性与牢固度，以便后续碾米加工时最大限度的保留胚芽，从而达到食味极致与营养价值的均衡。

在优质黄河口大米成品管理上，不同贮藏环境的大米不能互混，不同品种的大米不能互混，不同新陈度的大米不能互混——你会允许自己的灵魂掺入杂质吗？大米也不允许，掺杂的大米是不能"致良知"的。

在黄河口大米的食味定义里，只要互混的大米就没有灵魂，不管是哪种形式的互混，即使相同收割年份、相同储藏条件、相同新陈度、相同品种的大米，只要食味等级不同也绝不允许互混。因为，"混子"是没有资格进行食味评比的。

通过以上种种举措，黄河口大米形成了食味数据化测评标准。即便是这样，某个品种的大米食味也不会像北极星一样"恒定不动"，而是在一定范围内循环变化，正像《易经》揭示的自然规律那样，"不易中有变易"。

一邦食味米实验室近十年的测评数据显示，即使品种相同、种植管理相同、贮藏和加工条件相同，但只要产地年度气候发生变化，大米食味即相应产生变化，尽管这种变化十分微小，非专业的消费者甚至品尝不出来。类似于葡萄收获年份不同，红酒品质就会产生细微差异一样。

但是大米的食味品鉴，比红酒要更为复杂。红酒只需要按照推荐方法在特定温度下醒酒，基本就能品尝出其中真谛。大米的品鉴，比红酒多了一道复杂的程序，那就是烹饪。而烹饪很难形成标准，即使有标准，也很难执行。例如蒸米饭时，只要淘米次数、浸泡时间、蒸米用水、蒸饭工具、厨师烹饪水平、蒸煮时间、出锅时机等任一环节产生细微变化，食味表现就会产生截然不同的变化，尽管是同样的米。这也是食味最具"玄秘"色彩的一面。

多年以来，尽管各个研究机构都试图找到大米烹饪的最佳方法，但并没有形成一个绝对意义的标准，建议烹饪方法只能作为参考。因为消费者买回大米，淘米认真程度不一样，蒸米用水也不一样，有的用自来水，有的用净化水，还有的用农夫山泉，用水量也会根据个人偏好决定；消费者的电饭煲品牌、型号也各不相同，有的品质上乘、加热均匀，有的就会出现生熟不一的情况，大米所呈现的食味从而产生差异。

有的人会说，"好米怎么做都好吃"，但这是一般饮食情况，在追求极致大米品质的专业领域绝不适用。烹饪与品鉴是大米文化中登峰造极的部分，如果没有崇敬之心，一丝不苟的态度和精益求精的精神，你将始终无法领略一碗好米的究极奥义。

每一粒米、每个人、每个家庭对大米食味的定义尽管有所不同，但万法归宗，一碗好米的共同特征是让人心情愉悦，感觉幸福。

进阶大米食味狂魔

1

食不厌精：至尊级吃货狂魔的启示

　　"斋必变食，居必迁坐。食不厌精，脍不厌细。食饐（yì）而餲（ài），鱼馁而肉败，不食。色恶，不食。臭恶，不食。失饪，不食。不时，不食。割不正，不食。不得其酱，不食。肉虽多，不使胜食气。惟酒无量，不及乱。沽酒市脯不食。不撤姜食，不多食。祭于公，不宿肉。祭肉不出三日。出三日，不食之矣。食不语，寝不言。虽疏食、菜羹、瓜祭，必齐如也。"

　　你吃下的食物，都将变成你身体和灵魂的一部分。所以，天大地大，饮食为大。

　　《黄帝内经》中说，"五谷为养，五果为助，五畜为益，五菜为充，气味合而服之，以补精益气。"就是明白的告诉我们在吃上不要任性，主食就是主食，辅食类的水果、肉类、蔬菜要合理搭配，但是不能取代主食。

　　高度发达的现代农耕文明，物力日盛，人们可供选择的食物极大丰富，过去昂贵稀罕的食材慢慢变得随手可得，这时候人的嘴巴就任性起来，颠倒主次，以妄为常，把辅食当主食，主食当零头，甚至根本不吃。饮食结构的紊乱乃至去主食化，不是现代文明病产生的全部原因，但一定是重要原因。

《礼记·礼运》说，"饮食男女，人之大欲存焉。"先吃饱吃好，才有力气谈恋爱的理念，早已成为我们的血统记忆。那么，谁才是古今中外世界第一的吃货狂魔？这个人就是我们的大成至圣文宣王先师孔老夫子。孔子的"至尊级吃货狂魔"属性，在《论语·乡党》中被暴露的淋漓尽致。

"斋必变食，居必迁坐。食不厌精，脍不厌细。食饐（yì）而餲（ài），鱼馁而肉败，不食。色恶，不食。臭恶，不食。失饪，不食。不时，不食。割不正，不食。不得其酱，不食。肉虽多，不使胜食气。惟酒无量，不及乱。沽酒市脯不食。不撤姜食，不多食。祭于公，不宿肉。祭肉不出三日。出三日，不食之矣。食不语，寝不言。虽疏食、菜羹、瓜祭，必齐如也"。

孔子的八不食，不是因为他"挑食"，而是其饮食智慧的体现，到今天仍然适用。

白话如下：

"斋必变食，居必迁坐。食不厌精，脍不厌细。"

祭祀时会有很多平时吃不到的东西，作息地点和吃饭时间也跟平常有所不同。但是，你要控制你自己，不要米饭特别精白就狂吃，不要鸡鸭鱼肉馋人就胡吃海塞。有的人可能会说，孔子生活在春秋鲁国，那里有大米吗？有的，孔子编订的《诗经·七月》有"八月剥枣，十月获稻"的诗句，孔子那个时代黄河流域早就有种水稻了。何况"精"字从米从青，本意就是"美好的、纯净的米"。当然，此处无法考证孔子是特指米饭，还是泛指米面主食。

（食不厌精，脍不厌细的一般解释是主食做的越精越好，肉切的越细越好。但这种主流解释其实会造成上下文的明显不通顺，更与孔子厌绝奢侈浮华的求道理念相违背，故不采用）

> "食饐（yì）而餲（ài），鱼馁而肉败，不食。色恶，不食。臭恶，不食。失饪，不食。不时，不食。"

（因为）米饭（可能）发酸发馊了，鱼虾肉菜（可能）腐烂变质了，遇到这种情况就算你再饿再馋都不能吃。（怎么判断能不能吃呢？）如果食物颜色变了，不能吃；气味变了，不能吃。烹调不当没做熟或烧糊了，不能吃。不到饭点（春秋古人一日二餐），也不能吃。

（"不时，不食"的另一说法是不吃不合时令的食物，存在极大漏洞，难道春秋时代有蔬菜大棚，可以在冬天种出"不合时令"的西红柿、西瓜吗？）

> "割不正，不食。不得其酱，不食。肉虽多，不使胜食气。惟酒无量，不及乱。沽酒市脯不食。"

餐桌礼仪不到位，不吃。分菜的时候，要根据客人身份高低按顺序分菜，但不可厚此薄彼，应照顾到每个人。宴请中先给主宾分菜，再给副宾，然后逐级分菜；家庭吃饭，先给长辈盛饭，再给晚辈盛饭。如果不按身份乱分菜，这个分的多，那个分的少，厚此薄彼，都是不合礼数的，即"割不正"。

服务不周到，不吃肉菜虽然很丰盛，但还是要管住自己，注意荤素搭配，多吃米面主食，少吃肉菜（此为养生之道）。酒还是可以喝的，但不能醉酒失态。但是新酿的酒，不能喝（伤身体）；来路不明的"奇怪动物"的肉干，不吃（市脯即沿街叫卖的肉干，无从分辨是什么动物的肉，吃了可能生病）。

　　"不撤姜食，不多食。祭于公，不宿肉。祭肉不出三日。
　　出三日，不食之矣。"

　　吃完饭吃点姜片解腻，但不能多吃（相当于吃完饭喝杯茶）。祭祀打包回来的肉，只要隔夜就不能吃了（因为当祭品的肉已经摆了三天）。自己家的祭肉三天内吃完，过了三天，也不能吃（孔子又没有冰箱，三天肉不就坏了，这当然是题外话，由此可以大致推断，孔子祭祀的时间不是冬天）。

　　"食不语，寝不言。虽疏食、菜羹、瓜祭，必齐如也。"

　　吃祭肉的时候不能说话，吃完躺下也不要说话。"食不语"特指吃用于祭祀的肉时不能说话，因为一吃祭肉就想到祭祀场景，须保持庄重肃穆，并非是只要吃饭就不能说话，否则就跟先秦餐桌礼仪自相矛盾了。《礼记·曲礼上》中详细描述了餐桌上跟长者对话的礼仪，"长者不及，毋儳（chán）言。正尔容，听必恭。"即大人说话小孩别插嘴，应态度恭敬，洗耳恭听。"寝不语"，不是入寝睡觉时不能说话，而是特指吃完祭肉后躺下说话有违庄重肃穆，故而。

　　最后，即使是粗茶淡饭，吃的时候也应感念物力维艰，感恩上天先祖的赐予（类似基督徒的饭前祷告）。

　　孔子不仅讲究食品安全、合理膳食、饮食有节，还讲究规律饮食、餐桌礼仪、珍惜粮食，试问，今天哪个吃货能与之相匹敌，老夫子

"至尊级吃货狂魔"的称号实至名归。

以上解读虽有非正式的成分，但不违本意。孔子的饮食观并不是针对日常，而是特指"祭祀期间"。春秋时期的日常生活水平根本达不到又是鱼、又是肉、又是酒，大多数人平常只能吃些粗粮稀饭、菜叶熬的羹、一些瓜类。但是正因为错进错出，孔子时代只有祭祀期间才能吃到的大鱼大肉，恰是今天全面小康社会的寻常之物。因而，孔子的"八不食"对今天的我们仍具有重大的借鉴意义。

比如食品安全，只要食物变色变味就不吃，这个好理解，不要说变色变味的饭菜现代人不会吃，就是剩菜剩饭都会倒掉。烹饪失当的菜也不能吃，比如田螺、芸豆、鲜黄花菜、豆浆等食材不彻底煮熟，吃了很容易出现不适。

其他像适量饮酒、不暴饮暴食，规律饮食都被证明完全适用现代营养学，也被人所熟知，只是不听劝罢了。关于合理膳食结构，孔子和《黄帝内经》都强调应以米面五谷为主，鱼肉果蔬为辅。现代人不禁要问，稀松平常的大米到底何德何能，被奉为五谷之长，成为主食中的主食？

2

补中益气:《本草纲目》推荐的"第一大米"

　　黄河口地处中国东方,东方五行属木,代表了万物生发、积极向上的力量,已是最利于阳气生发的方位,而更让人赞叹的是黄河从这里入海,缔造了辽阔广袤的生态湿地,因而区域又呈现五行之水的属性,水生木,助推本就至为充沛的生发之气更上一层,达到登峰造极的境界,全国没有第二个稻米产区有此气象。根据中医五运六气学说,此地出产的大米对补虚强气最为适宜。

婴幼儿6个月后吃的第一口辅食通常是什么?

米粉。米粉(一般为大米粉)的主要成分是大米淀粉,除了含有多种营养成分之外,还具有许多独特的功能特性。大米淀粉的消化率为98%~100%,即使是消化功能不健全的婴幼儿也能基本完全吸收。大米结合蛋白具有完全非过敏性,有人对大豆、小麦、花生过敏,但从未听说谁对大米过敏。

大米不仅是宝妈圈的心头好,更是自古以来中医圈的人气王,获誉无数。大米作为主食中的"中和之王",有"土德之正",历来为中国古代中医药经典所推崇。

《千金方·食治》：平胃气，长肌肉。

《别录》：主益气，止烦，止泄。

《日华子本草》：壮筋骨，补肠胃。

《滇南本草》：治诸虚百损，强阴壮骨，生津，明目，长智。

《食鉴本草》：粳米，即今之白晚米，惟味香甘，与早熟米及各土所产赤白大小异族四、五种，犹同一类也，皆能补脾、益五脏、壮气力、止泄痢，惟粳米之功为第一耳。

《神农本草经疏》：粳米即人所常食米，为五谷之长，人相赖以为命者也。其味甘而淡，其性平而无毒，虽专主脾胃，而五脏生气，血脉精髓，因之以充溢；周身筋骨、肌肉、皮肤，因之而强健。

《随息居饮食谱》：粳米甘平，宜煮粥食，功与籼同，籼亦可粥而粳较稠，粳亦可饭而籼耐饥。粥饭为世间第一补人之物，……故贫人患虚证，以浓米饮代参汤。至病人、产妇粥养最宜，以其较籼为柔，而较糯不粘也。

明代名医缪希雍在其著作《神农本草经疏》中赞誉粳米"为五谷之长，人相赖以为命者也。其味甘而淡，其性平而无毒，虽专主脾胃，而五脏生气，血脉精髓，因之以充溢；周身筋骨肌肉皮肤，因之而强健。"

清代名医王士雄著有《随息居饮食谱》，认为粳米粥饭为"世间第一补人之物"，在体虚之人进补方面，米粥的补益功效堪比人参。人参（野人参）是公认的"滋补之王"，适用于调整血压、恢复心脏功能、神经衰弱及身体虚弱等症，也有祛痰、健胃、利尿、兴奋等功效，价格昂贵，稀松平常的大米怎么可以取代它的功效？原因在于两者的用法用量，人参只是偶尔进补一次，粥饭却可以作为主食每天大量食用，日积月累，本来微小的功效也变得非常明显。

两位大家代表了我国中医药学普遍的观点，那就是认为长期食用大米对人体大有裨益，可以补中益气、健脾养胃、聪耳明目、促进发育、润皮肤、长肌肉、补五脏、壮筋骨、通血脉、止泄等。

让现代人意想不到的是，大米这种最平常、最不起眼、最被忽视的食材，在中医理论中，竟是一剂疗养人体的药方，甚至被誉为"第一补人之物"。从现在开始，让我们告诉自己：要想有个好身体，从好好吃饭开始；好好吃饭，从一碗好米开始。

大米的产地、品种众多，哪里的大米"药食性"最强，最为补人呢？我们不要不懂装懂，也不要搞概念混淆视听，这个问题还是交给中医药界的"首席专家"吧，他就是明代"药圣"李时珍。

自 1565 年起，李时珍先后游历全国各地收集药物标本和处方，并拜渔夫、樵夫、农夫、车夫、药工、捕蛇者为师，参考明朝以前历代医药经典 925 种，历经 27 年，考古证今、穷究物理、三易其稿，终于完成了集中国古医药学之大成的巨著《本草纲目》。全书共 192 万字，载有药物 1892 种，收集医方 11 096 个，绘制精美插图 1160 幅，是中医学宝库中一份极其珍贵的遗产，在世界上至少有英文、法文、德文、日文、俄文、拉丁文、西班牙文、朝鲜文等八种文字的译本流传，被进化论的创始人达尔文誉为"中国古代的百科全书"。

《本草纲目》不仅多处提到大米的食疗药用价值，还对哪种大米的药性大小进行了详细的分析对比：

"粳有早、中、晚三收，以晚白米为第一。天生五谷，所以养人，得之则生，不得则死。惟此谷得天地中和之气，同造化生育之功，故非他物可比。"

"粳以白晚米为第一，早熟米不及也。平和五脏，补益胃气，其功莫逮。"

"粳稻六、七月收者为早粳，止可充食；八、九月收者为迟粳，十月收者为晚粳。北方气寒，粳性多凉，八、九月收者，即可入药；南方气热，粳性多温，惟十月晚稻气凉，乃可入药。"

明朝采用的"授时历"与现代公历基本相同，因而《本草纲目》中的月份即为现代公历的月份。《本草纲目》指出，粳有早、中、晚三收，以晚白米为第一。八九月份成熟的北方粳米"即可入药"，十月份成熟的南方粳米"乃可入药"。由此大致可见，李时珍认为药用功效北粳比南粳更好，越晚成熟的粳米越好，天气越凉的时候收割的粳米越好。

而黄河口大米为单季晚熟粳稻，收割时已到十月中下旬，比东北地区稻米收割还要晚一个月，是北方稻区成熟最晚、收割最晚的粳米；其从种子发芽到成熟长达180天，为全国最长，亦为全世界最长。

黄河口地处中国东方，东方五行属木，代表了万物生发、积极向上的力量，已是最利于阳气生发的方位，而更让人赞叹的是黄河从这里入海，缔造了辽阔广袤的生态湿地，因而区域又呈现五行之水的属性，水生木，助推本就至为充沛的生发之气更上一层，达到登峰造极的境界，全国没有第二个稻米产区有此气象。根据中医五运六气学说，此地出产的大米对补虚强气最为适宜。

黄河口大米核心产区毗邻黄河入海口生态湿地国家级自然保护区，

有着天赋异禀的气候水土条件，符合优质大米的生长要求。全年≥10℃有效积温4300℃，无霜期长达220天，水土中有机物和微量元素极大丰富。黄河口水稻生育期长达180天，稻穗充分享受阳光雨露，能够从水土、空气、阳光中吸收更多大自然精华，不仅口感香浓，滋味出众，疗养与保健的效果也最好。

黄河口不仅出产适合蒸饭的食味大米，还有全国最好的粥米。如果你仔细观察，新鲜的黄河口粥米（一邦周米）煮到火候，米汤表面会有一层似有还无，若隐若现的青绿色。不必担心，这非但不是质量问题，反而是黄河口优质粥米的特色，赶紧趁热喝下，正是黏稠适口，滋润心脾。

在五行学说中，青绿色代表木，木代表东方，东方正是文王后天八卦中"震卦"的方位。震卦的意象是春雷惊蛰，万物复苏，展现蓬勃向上的活力，代表了最强大雄浑的新生能量。黄河口粥米所呈现的绿色，正与震卦相应，蕴含了生发之气，因而才能呈现出历代名医所说的补益功效。这也从某个角度印证了"易为医源""易为医本"。所谓欲为大医，先通《易经》，如果不懂易理，充其量也只是一个药掌柜，称不上"中医"。

可能有的人会说，中国处于东方的城市太多太多，是不是意味着只要处于东方的稻区出产的大米都具有一样的生发之气，具有同等补中益气的功效。《本草纲目》中已有了明确答案，大米的功效因产地南北、成熟早晚而有高低差异。而就全国稻区的生发气象而言，如果还有地方能超过东营黄河口，请先像她一样每年新生2万亩以上土地。

东营之所以被称为"共和国最年轻的土地"，其一是建市时间1983年全国最晚，另一个原因是黄河每年携带大量泥沙淤积2万亩以上的新生土地，所谓大河息壤，新生净土。当"天鲸号"通宵达旦在祖国的南海吹沙造陆时，我们的母亲河也在黄河口夜以继日的为祖国赶海造陆。这块风水宝地所蕴含的生发之气，被烙刻在黄河口大米的灵魂里，生生不息，沁人心脾。

180天，全世界最长的生长期，就是她的产地密码。

3

五谷之长：大米的灵魂有能量

除了多种对人体有益的蛋白类、脂类、淀粉外，黄河口稻米中还含有钙、铁、锌、硒、钾、钠、锰、镁、硅、磷等多达30余种矿物质，是构成人体骨骼、血液和肌肉必不可少的成分。此外还含有种类丰富的维生素和生物酶，维生素类有维生素A、维生素B族、维生素E、硫胺素、核黄素、烟酸、吡哆醇、泛酸、生物素等；主要的酶类有淀粉酶、蛋白酶、谷氨酸脱羧酶、过氧化物酶、过氧化氢酶、脂肪氧化酶、脂肪水解酶等。

一切能量归根结底是太阳能与大地能。现代科学表明，万事万物由共同的基础元素物质组成，只是元素的排列方式和含量比例有所不同。

《佛说十善业道经》载："一切众生，心想异故，造业亦异，由是故有诸趣轮转。龙王，汝见此会及大海中，形色种类，各别不耶？如是一切，靡不由心，造善不善，身业语业意业所致。而心无色，不可见取，但是虚妄，诸法集起，毕竟无主，无我我所。虽各随业，所现不同，而实于中，无有作者，故一切法皆不思议。"由此可见，在佛的眼里决定万物元素排列方式和含量比例的力量，是无色、无主、无所，不可见取的"心"。

稻米中的元素成分及其分布随产地生长环境、稻作条件及品种的不同而有百千万种差别，但都以淀粉为主要成分，并含有不同比例的水分、蛋白质、脂肪、糖类、矿物质及维生素等成分。中国医药学经典对大米的功效极为推崇，我们能不能从现代生物营养医学的角度找到功效的依据？

让我们与大米的灵魂对话，逐一解密她的营养成分。

大米中的蛋白质可以大致分为两种：占绝大多数的简单蛋白质和少量的结合蛋白质。简单蛋白质又可以分为四类：清蛋白、球蛋白、醇溶蛋白、谷蛋白。对黄河口大米的分析表明，蛋白质占大米总质量的6.10%~8.21%，其中谷蛋白含量最高，平均值为70.5%，大米籽粒中心部分含量最高，越靠近外层含量越低；球蛋白平均值为12.8%，清蛋白平均值为11.7%，两种蛋白质主要集中在糊粉层和胚，越靠近大米中心含量越低；不能为人体吸收利用的醇溶蛋白含量微乎其微。

蛋白质在稻谷中一般的整体分布情况为胚乳占70%，米糠层和米粞占20%，胚占10%。从分布比例上看，貌似胚的蛋白质含量最低，但是不要忘了，胚只占整粒大米重量的2%~3.5%，因而其蛋白质密度最高。

此外，籽粒不同部位的蛋白质，成分结构也不相同。其中，糊粉层中的蛋白体植酸的含量占大米全部植酸含量的70%~77%，并含有少量灰分、RNA、磷脂；胚乳中的蛋白体以碱溶性蛋白质为主要成分，占比约为60%，碳水化合物和脂类占比约22%~39%，其余为灰分、RNA、磷脂、烟酸和植酸；在胚中的蛋白体主要为球蛋白、核蛋白和蛋白多糖等。

磷脂是含有磷脂根的类脂化合物，由卵磷脂、肌醇磷脂、脑磷脂等组成，是生命基础物质，细胞膜就由 40% 左右蛋白质和 50% 左右的脂质（磷脂为主）构成。不同的磷脂分别对人体的各部位和各器官发挥相应的功能，但都能对活化细胞，增强人体免疫力和再生力，维持新陈代谢及荷尔蒙的均衡分泌发挥重大的作用。此外，磷脂还具有预防脂肪肝与心血管疾病的作用。

植酸可解除铅中毒，对绝大多数金属离子有极强络合能力，络合力与 EDTA 相似，但比 EDTA 的应用范围更广，可作为重金属中毒防止剂。植酸钠或铋盐能减少胃分泌物，用于治疗胃炎、十二指肠炎、腹泻等。除此之外，植酸本身就是对人体有益的营养品，可在人体内水解为肌醇和磷脂，前者具有抗衰老作用，后者是人体细胞至关重要的组成部分。

蛋白多糖由一条或多条糖胺聚糖和一个核心蛋白共价链组合而成。蛋白聚糖及氨基聚糖是细胞外基质的重要成分之一，可与细胞外基质中的胶原、弹性蛋白、层粘连蛋白及纤粘连蛋白结合，构成具有组织特性的细胞外基质。人体不同组织的细胞外基质中含有不同类型、不同含量的蛋白聚糖及氨基聚糖，并与其功能相适应。其中硫酸软骨素蛋白聚糖较多分布于软骨及长骨的骨骺中，对于骨骺的生长板极为重要，是青少年生长发育的关键，如果缺乏可导致骺板体积缩减，造成肢体发育短小和畸形。

磷脂、植酸、蛋白多糖分别能起到提高免疫力、减少胃分泌物、促进生长发育的作用，无怪乎《日华子本草》说大米可以"壮筋骨，补肠胃"；《千金方·食治》说大米"平胃气，长肌肉"；《滇南本草》

说大米"治诸虚百损，强阴壮骨，生津，明目，长智。"

一般认为，不管哪种蛋白质，含量越高大米的食味越低，即越不好吃。但黄河口稻作的研究发现，只要控制蛋白质中"氮元素"的含量，即使蛋白量在大米中的整体含量较高，也能出产极致食味的大米。在追求极致食味的黄河口稻田，水稻生长全程不施氮肥，从而达到大米食味和营养的平衡。

黄河口大米（糙米）脂类含量一般在2.97%~3.35%，其中淀粉脂类0.41%~0.98%，非淀粉脂类为2.10%~2.95%，属于优级水平。脂类物质对于大米而言，堪称萧何般的存在。大米的香味和光泽主要由它决定，油脂含量越高，米饭越香，光泽越好，食味值也就越高。由于不饱和脂肪酸易于氧化，产生醛、酮类臭味物质，脂类含量越高的大米，越难以保存，贮藏条件要求也越高。为了抑制氧化，一般食味级黄河口大米都要保存在恒温恒湿的仓库里。

大米中的脂类主要成分为油脂、磷脂、糖脂、萜类和甾醇。其中糖脂和甾醇都有阻断致癌物诱发癌细胞形成的功能，对皮肤癌、大肠癌、宫颈癌的发生具有一定抑制作用。共性之外，糖脂具有抗氧化、抗病毒、抗菌、抗炎、抗动脉粥样硬化等多种生物活性；甾醇具有预防心血管系统疾病、促进新陈代谢、调节激素水平、抗衰老等功效。

淀粉是稻米中含量最高的成分，粳米和籼米均有3个主要级分，即直链淀粉、支链淀粉、中间级分，而糯米只有两个，几乎不含直链淀粉。直链淀粉分子质量最小，支链淀粉分子质量最大，中间级分介于两者之间。

稻米淀粉的消化率在所有谷物中最高，过敏性为0，在婴幼儿和特种食品、药品中被广泛应用，经常被用于各种糖果和药片的光泽包衣。

不论稻米哪种分子式淀粉，都与脂肪具有相似的细腻口感，但又没有脂肪的高热量，因而常被作为脂肪的替代品应用于脱脂、低脂食品及高档化妆品中。美国研究机构发明的抗性淀粉产品，正是以大米淀粉为基质，可降低血清葡糖糖含量和胰岛素水平，还可以促进有益细菌的增殖，改善结肠菌落结构，适合肥胖和糖尿病人食用。

除了多种对人体有益的蛋白类、脂类、淀粉外，黄河口稻米中还含有钙、铁、锌、硒、钾、钠、锰、镁、硅、磷等多达30余种矿物质，是构成人体骨骼、血液和肌肉必不可少的成分。此外还含有种类丰富的维生素和生物酶，由这些营养成分的功效可见，《本草经疏》关于大米"五谷之长，人相赖以为命者也"的评价实至名归，并非过誉。不得不赞叹一句，大米的灵魂实在能量强大。

大米的营养物质如此珍贵，如果白白流失掉那就太可惜了。据统计，稻谷加工成精白米的过程，高达65%的营养成分流失了。而且加工精度越高，流失越严重。碾米时，糙米的糠层和一部分胚被去除，蛋白质、脂类、氨基酸、维生素及微量元素随之流失。糙米经一次抛光后蛋白质、粗纤维、脂类分别损失9%、90%、29%；二次抛光后，三种营养元素分别损失约14%、96%、50%。而且钙、铁、锌、钾、钠、镁等矿物质及多种维生素，也会随着抛光工序而有明显损失。

尽量减少营养物质的流失，改进加工工艺是关键。黄河口大米标准加工车间采用"二砂二铁"工艺，四机出白，一次抛光，平均比传统工艺多保留30%的蛋白质、27%的脂类、40%的矿物质以及50%的维生素。

大米的灵魂尽管能量强大，但仍要善加呵护。

4

去伪存真：大米"选购宝典"

敌方的武器装备已经到了"量子级"，而老百姓的鉴别手段还停留在"大型鞭炮"的阶段。手搓、水泡等鉴别法无法准确判断大米的"年龄"和安全情况，至于"看硬度、看腹白、看黄粒、看爆腰、看虫蚀"就更是土路子了，根本无从分辨大米的新陈。

实际上，"五看法"只可以作为鉴别大米"是否好吃"的次要补充手段，连大米是否好吃都无法精准判断，更不可以作为鉴别大米新陈的依据，这里将一一解释。

网络搜索"陈化粮设备""出售陈化粮"，你会有惊奇发现。接着你心里开始犯嘀咕，这么多陈化粮（大米）都去哪里了？我有没有买过？心想以后买大米可千万擦亮眼睛，你会不自觉的接着搜索"如何选购大米"，好心的媒体马上弹出来若干大米"选购宝典"，有图文并茂的，有视频的，有拿嘴干说的，有试验操作的——但这种试验往往跟试爆"原子弹"差不多，"老乡，你看这个信子又粗又长，火药量又大，这样的就是好原子弹。我们现在就点一下，你看是不是'呲呲'的燃烧的特别好——这样的原子弹爆炸起来才厉害……"

大多数大米"选购宝典"看起来头头是道，用起来啥也不是，不能帮助老百姓鉴别陈化粮，更不能鉴别美味度。如果苛刻一点说，这些所谓"选购宝典"甚至是误导，乃至又傻又天真的当了不法商贩的"帮凶"。

让我们首先厘清陈化粮的概念。我们通常把当年收获的粮食叫做"新粮"，储存一年以上的粮食叫做"陈粮"，长期储存并已经变质的粮食叫做"陈化粮。"所以陈化粮首先是一个时间概念，其次是一个质量概念。

根据《中国储备粮管理总公司中央储备粮油轮换管理办法（试行）》（中储粮〔2002〕73 号）相关规定，稻谷的参考储存年限为（以当年生产的粮油入库计算）2~3 年，地下库储存环境的，可根据质量情况适当延长，但一般不得超过 5 年。

陈化粮的一大特征是"黄曲霉素"超标。黄曲霉素被世界卫生组织划定为一类致癌物，是目前已知最强的生物致癌剂，其剧烈的毒性比"入口即死"的氰化钾强 10 倍，比剧毒农药"1059"强 30 倍，一粒严重发霉含有黄曲霉毒素 40 微克（1 微克等于一百万分之一克）的玉米，可令两只小鸭中毒死亡。陈化粮非但人不能吃，也不能作为动物饲料。如果动物吃了陈化粮饲料，在肌肉、肝、肾、血、奶及蛋中可测出极微量的黄曲霉素，尤其是猪会长出黄膘肉，"根本卖不出去"。

按照相关法规，陈化粮只能定向出售给燃料乙醇制造企业，但是不法分子通过将陈化稻谷经过碾磨、"吊白块"、打蜡、加香（有的不加）等处理后，投放市场牟利。

"吊白块"（甲醛次硫酸氢钠），是以福尔马林结合亚硫酸氢钠再还原制造的"白块"，高温下具有极强的还原性，有漂白作用。不法商贩往往将其用于食品增白、保鲜、增加口感和防腐。陈化的稻米色泽发暗发黄，使用微量的吊白块"熏染"即可显著增白，到这一步，含有大量黄曲霉素的陈化粮已是"毒上加毒"。尽管人食用后不会立即产生中毒反应，但长期积累可能引起机体细胞变异，损害肺、肝、肾，诱发癌症。经过漂白后的大米会先用强风去除或用香精遮盖霉味，然后进入下一个整容手术："打蜡式抛光。"

老百姓有个普遍误解，认为"抛光"是个作假工序，其实正常的抛光工序是为了清除附着在大米上的浮糠和灰尘，并且通过米粒之间的摩擦增加大米的整体光洁度，有利于大米保存，不会影响大米安全质量。作假的是"打蜡式抛光"。正常的抛光工序会使用少量的水增加摩擦力，而"打蜡"（专业说法叫"被膜"）使用油、食品蜡或工业蜡，壳聚糖无色无味，可溶于水，包裹在大米上可明显提升"光泽"，陈化、劣质大米经过加工之后完全"改头换面"。

壳聚糖是从虾蟹等动物壳中提取的一种可溶性膳食纤维，本身没有危害，对于健康有促进作用，在保健食品、糖果、水果表面"被膜"使用可有效阻止微生物入侵，延长保质期。正因为壳聚糖的安全稳定，《食品添加剂使用标准》（GB 2760—2011 版）曾允许使用壳聚糖作为大米被膜剂，但无意间给了不法商贩以次充好的"灵感"和"作案空间"。

陈化霉变的稻米经过一番美容手术，可以变得跟好大米外观一样，甚至颜值更高。这就给大米选购造成了极大困难：看，看不出区别；闻，被膜已经把细微的霉味"封印"住，如果添加了香精，你还误以为"米香味挺正的"；搓一搓再闻，有臭味或陈霉味的就是不好的？你可以拿药片搓一搓，看能不能把表皮的被膜搓下来；拿水泡，被膜溶于水，无色无味……"整容手术"还只是下乘功夫，真正"炉火纯青、已入化境"的作假手法是把陈化大米掺入粒型外观相同的新大米，根据产品"档次"即价格高低，陈化大米掺入的比例从10%~50%不等，这也是目前最为主流的作假手法。陈化大米的成本通常只有新粮的三分之一到二分之一，只要掺入10%，省下的成本就是一笔可观的利润了。

实际上，"五看法"只可以作为鉴别大米"是否好吃"的次要补充手段，连大米是否好吃都无法精准判断，更不可以作为鉴别大米新陈的依据，这里将一一解释。

首先在专业领域判断大米品质的时候，硬度往往指的是"米饭"的硬度，而不是"生大米"的硬度。大米（饭）的硬度基本上由三个要素决定，一是直链淀粉和蛋白质，含量越高则米饭越硬；二是水分，相对而言，水分越低则越硬。陈化粮的含水量不见得就低，由此可见，用硬度判断生大米是否陈化粮并不可行。

腹白是判断大米成熟度的标准，无法判断是否陈化，也无法判断大米好不好吃。有些大米完全没有腹白，但是不好吃（尽管是新米）；有些大米腹白较多，却很美味。

黄粒是收割时稻穗没有及时脱粒，由于堆垛产生的霉变，而现在基本上都使用联合收割机收割，可以实现即时脱粒，用镰刀连秆带穗的收割方式已不多见。在加工环节，一般稍具规模的加工厂都配备有色选机，绝大多数黄粒等异色粒会被清除掉，黄粒倒是可以用来判断加工厂是否配备了色选机，以及加工人员的用心程度，但无法作为判断大米新陈的依据。

爆腰纹指的是米粒上的龟裂细纹，诚然陈米会有，但加工过程中米粒"急热急冷"（或研磨力度过大等因素）同样可导致米粒龟裂，道理就像把很烫的玻璃杯放入凉水中会炸裂一样，考验的是加工水平，影响米饭口感，但同样无法作为判断新陈度的可靠依据。

至于虫蚀、虫尸、虫便便，反而可能是农药使用水平低（或田间管理不当），没有对田间昆虫赶尽杀绝的结果，跟"有虫子眼的菜叶才安全"的道理类似。

因此，这些大米"选购宝典"并不灵验，只能作为选购的参考，无法精准。稍微靠谱一点且简便的办法是用微波炉爆大米花闻气味，但这种方法其实只能检测大米里有没有添加香精，也无法验证大米的新陈。

还是那句话，大米就是良知。

这里特别强调一种相对准确判断大米新陈度的办法，看米胚的留存情况。大米的胚中含有大量易酸败的脂肪，且酶的活性很强，稻谷的陈化一般从胚开始。如果稻谷储存时间过长，胚芽在加工过程中极易脱落，使得留胚率大大降低；如果是高龄陈粮或陈化粮做成的大米，往往胚芽全部脱落，只剩下一个"小坑"，或者小坑里只有一点点残存的"白点"。

但是这种判断新陈的办法也不是绝对的，因为加工工艺如果不够精细，即使是新稻谷也可能会严重破坏米胚。一句话，米胚留存差的大米不一定是陈化大米，但陈化大米一定米胚留存差。值得一提的是，为了普适"大多数"，现行的大米国标关于米胚留存度的规定相当宽泛。

对老百姓而言，最准确的办法是把大米蒸成饭品尝。大米是诚实的，新鲜的大米可能不好吃，但是好吃的大米一定新鲜。

5

食味极致：释放大米灵魂深处的香气

端起一碗好米饭，自然的米香味会首先闯入鼻腔。米饭送入口中会一下子散开，每一粒米粒都争先恐后的讨好你的味蕾，不粘牙也不让舌尖感到干散。咀嚼的时候，柔软中带弹性，滋润中带爽滑，米粒就像在你口腔的方寸间舞蹈一样，并在舌齿之间释放甜味和香味，你能明显的感觉到这种香气是从口腔里传入鼻腔的，让人心旷神怡。经过咀嚼，柔滑的米饭与其说是吞咽下去的，不如说是从口腔"滑"进食道的。

顶级的大米，就像灵魂深处有香气的女子，不仅要营养丰富，更要美味可口。

大米极致食味的密码，就存在于一个个魔鬼细节里，唯有心心相映的默契才能逐一打开。即便是同一产地、同一储存条件的大米，也要根据品种差异、粒型体积、加工精度、储藏时间、水分含量的不同，对烹饪的用水与火候做出与之适配的细微调整，只有这样才能更好地激发大米的风味天赋。

当把大米的食用品质上升到艺术品鉴的层面，它可以被分为蒸煮品质和食味品质两个方面。大米蒸煮和食用的全过程，像切割钻石一样被分成若干理化及感官特征。而正像成品钻石每一个切割面都要求完美无瑕一样，如果大米的任何一个理化特征没有得到水与火的尊重，烹饪都称不上尽善尽美，米饭也就无法登峰造极。

大米烹饪极致复杂，但又大道至简，简单到可以用一句话概括，那就是"用水"与"火候"的平衡。经验丰富的"煮饭狂魔"，熟悉每一种大米的禀赋，水与火的使用总是能够相得益彰，外人看似信手拈来、闲庭信步，实则大有讲究。复杂的一面就显得冰冷和缺乏美感了，水与火的平衡要考虑到"大米"的吸水性、溶解性、膨胀性、延伸性、糊化性、回生性以及"米饭"的软硬性、弹塑性、外观性、适口性即色、香、味，当然还有冷饭质地。

在给出打开大米食味秘境的钥匙之前，让我们先了解一下影响大米食味品质的因素，然后根据大米的差别"因材施艺"。

首先是大米中直链淀粉的含量。大米的淀粉本身没有什么味道，但却是众多呈味物质的载体，每一个大米品种的淀粉分子结构都有所不同。一般认为，直链淀粉含量高，米饭的黏性小，口感也更硬，米饭缺少光泽，很难谈上食味；但如果直链淀粉的含量过低，米饭的黏性又过大，软绵无力，完全没有弹牙的快感，最极端的例子是糯米。所以，好吃的大米，首先是直链淀粉含量的适中，既不过高，也不过低。

至于籼粳大类直链淀粉含量比例多少才相对最好，本书已有提及，不再赘述。

这里要说的是大米淀粉的糊化温度，这是最重要的蒸煮性能指标。不同的大米糊化温度一般分为 3 个等级，即高糊化温度（74℃以上），中糊化温度（70~74℃），低糊化温度（70℃以下）。高糊化温度的典型代表是糯米，蒸煮用水最多，熟化时间最长，一般只适合加工点心如汤圆等；只有中低糊化温度的大米适宜蒸饭煮粥。

当大米在水中加热时，可溶性直链淀粉首先从淀粉颗粒中溶出，但是它的黏性较小；随着压力和温度的上升，支链淀粉这才羞羞答答的溶出，并形成黏度较大的溶液。因此，支链淀粉含量的高低决定大米的糊化温度和做熟的快慢，也就决定了火候的大小。

通常，食味型黄河口大米蒸熟的时间为 30~40 分钟，煮熟的时间为 20~30 分钟（视烹饪用具及火候而异）。对啊，同一产地的大米，做熟的时间也会不同。当然，这是对追求极致食味的人来说的，一般家庭烹饪没有必要这么精确。

其次是大米的加工工艺和新陈度。加工精度越高，尤其是完整米粒的比例越高，食味越好。高等级的黄河口大米，小于整米 3/4 长度的碎米含量不得超过 5%；顶级的一般不超过 1.5%，并不得有腰爆纹。因为大米横断面或表皮裂纹的吸水和吸热效率要高于大米天然完整的表面，这些微小的差别每增加 1%，食味就会产生一个级别的差距，普通食客尝不出来，但挑剔的舌头一尝便知。

陈年的大米淀粉难以糊化，糊化温度比新米要求更高，吸水率也比新米更快，膨胀率自然更大，所以陈米饭很松散，黏性大大降低，吃在嘴里毫无风味可言。因而，陈米不得进入食味米名录。

食味只针对储存期不超过一年的新米，而且越新越好。为什么大米越新越可口？所有品种的稻米在贮藏期间，可溶于热水的直链淀粉含量逐渐降低，而不溶性直链淀粉则逐渐增高。黄河口稻区的研究发现，当超过一年储存时间，稻米不溶性直链淀粉的含量会加速增加，使得米饭口感越来越硬，可口度下降。如果超过一年半或两年，不仅米饭粗糙干涩，极易回生，而且风味尽失。

然后是大米中蛋白质的含量。含量越高，米粒分子结构越紧密，淀粉分子之间的空隙越小，吸水量越少，吸水速度也越慢，蒸煮的用水量也越大，用时也越长，即便大水大火长时间蒸煮，米饭质地仍然较硬（刚做熟为标准）。因而，蛋白质含量越高，食味性越低。鱼和熊掌不可兼得，但也偶有例外。顶级黄河口大米种植全程不施氮肥，植株仅吸收土壤自然存在的氮元素，蛋白质含量中高水平，但不影响食味，达到了营养和食味的平衡。

最后是最神秘的部分：水，世界上有没有一种水0℃时不结冰，高于100℃时不沸腾？答案是有的，稻米中的水分有两种存在状态，其中游离水（自由水）就是我们通常理解的水，0℃结冰，100℃沸腾。结合水就不会，这种极其冷漠、淡定和顽固的"宅男"存在于大米（稻谷籽粒部分）细胞内，与淀粉、蛋白质等强极性分子通过吸附作用相结合，具有普通水不具有的物理特性，外部环境潮湿或干燥，炎热或寒冷，始终不能影响它的淡定；也不参与大米内部的生化反应，不参加任何社交圈，像一些酶类和微生物想跟他交朋友，用他做溶剂，他理都不理。

天性喜欢自由的"游离水"可不像他的兄弟那样宅，性格活泼，交际广泛。我们知道细胞和细胞之间是有间隙的，细胞间隙的毛细管就是他的游乐场，外部环境稍有变化他就自由出入，并可以作为细胞内溶物的溶剂，被酶类和微生物利用，如果不管不问，时间长了容易闯下祸端：稻米霉变。不过还好，只要把稻米的水分控制在15%以下，游离水是不会"乱来"的，这也是稻米贮藏的水分安全线。

尽管以上这些要素对博大精深的大米食味文化而言，也仅仅是浮光掠影的总结，但了解了基本要素后，能帮助到我们在后续的烹饪中施展身手。

大米怎么蒸呢？那还不简单，大米洗一洗放进电饭煲，用"一指禅"量好用水量，然后就坐等米熟呗。当然可以这样做，而且有时候这样做出的米一点不比专业烹饪差，但问题在于概率。是偶尔一次做得很好吃，还是每次都能很好吃。

淘米就是一个精细复杂的准备过程。普通淘法是淘 2~3 遍，而且尽量"不要淘的太干净"，因为据传说"淘得太干净，大米的营养物质就流失了"。这种观点听起来正确，其实忽略了最基本的前提事实。那就是大米"最有营养"的物质存在于糙米层和胚，糙米层早已在加工碾磨时被去掉，而胚"不怕洗"。所以，让我们尽情地淘米吧。

食味级大米要求淘洗 5~7 遍，直到淘米水完全清澈为止，把附着在大米表面的糠粉、灰尘尽量清洗干净。淘洗程度不同的大米，蒸出的米饭适口性差距明显，你可以对比一下。

淘米的秘诀不仅在于多淘，还要快淘，尤其是第一遍淘米时，必须在 5 秒钟内完成。最好的办法是先在盆中放进足够量的水，倒入米快速搅拌几下后马上倾盆倒进滤网沥干。为什么要在 5 秒钟内完成第一遍淘米？大米的吸水性极强，一旦浸泡，含水量会在短短几秒钟内从 15% 飙升到 40%，使得大米表面的"毛孔"打开，一些极细小的杂质会趁虚而入，以后再怎么淘洗，都难以清洗出来。

然后是二淘、三淘，直至五淘、七淘，直到淘米水彻底清澈。这中间没有时间限制，但一般控制在 10 分钟之内，因为再晚就耽误吃饭了。大米淘洗干净后要进行 10~15 分钟的静置浸泡，以便大米吸进适量的游离水，让米饭在烹饪过程中受热更均匀。千万不可长时间浸泡，否则米饭会发散发绵，影响口感。

淘米的时候记得节约用水哦，淘米水不要直接倒掉，收集起来，可以洗头护发、清洗餐具衣服，分解瓜果蔬菜上残留的药害，妙用多多。

蒸米的用具建议用电饭煲，木柴直火烹饪尽管才是通往食味巅峰的终极通道，但是一般家庭不具备条件，操作也过于麻烦，还是傻瓜式的电饭煲更省心。电饭煲没什么好说的，尽量选球浮型，也就是能让米粒均匀受热的类型。如果是米粥，建议明火熬煮。

用水量方面，建议放弃传统手艺"一指禅"，而是根据大米的粒型，按照严格的"米水体积比"添加用水。通常情况下，大米的表面积（千粒重）越大，蒸煮适宜需水量越大，因而不同粒型的大米用水量不可等同事之。一般纤细型的大米，大米与水的体积比推荐 1∶1.1，即 100 毫升的大米，添加 120 毫升的水；小圆粒推荐 1∶1.2；胖胖的中长粒用水最多，推荐 1∶1.3。如果是熬粥，不管何种粒型，均推荐米水体积比为 1∶12。

但以上配比只是推荐，具体要根据大米的品种、含水量、储存时间等要素综合判断，也可以根据个人喜好调整比例，喜欢偏软口感的可以多加水，喜欢偏硬口感的少加水。水的选用，同样大有讲究。首先推荐天然矿泉水如农夫山泉，次选是家庭净化水。如果只有自来水，建议先放在盆里净置 6 小时以上，尽量将破坏大米风味的物质挥发掉。

然后是等待，如前所述，食味型黄河口大米蒸熟的时间为 35~40 分钟，煮熟的时间为 20~30 分钟。粥做熟后可以直接盛碗食用，但蒸饭需要增加一个流程：揭开电饭煲盖后，把成型的米饭上下搅拌均匀，再闷盖静置 10 分钟。

原因在于熬粥时水量大，米粒有充足的空间上下翻滚，受热均匀；蒸饭时由于水量少，即使再好的电饭煲都无法保证每一粒大米受热均匀，往往蒸桶底部和环壁受热大，"米团"中央受热小，搅拌后闷盖有助于米粒熟度一致。

终于可以品尝了。

好的米粥会有淡淡的米香，如果足够新鲜，米汤表层会有一层淡淡的碧绿色——区别于添加小苏打或碱超标的自来水熬煮出的绿色。米粥入口粘稠，柔滑滋润，从食道滑下去的过程里有一种微妙的满足感，沁人心脾。顶级黄河口粥米就有这种特性，完全不用添加小苏打，熬煮出的米汤一样黏稠适口。如果是品质一般的粥米，米粒和粥汁无法水乳交融，也不会呈现滋润的口感，不是寡淡就是过于浓稠。

好的米饭让人食欲大开，根本无须菜肴下饭。品质中等以上的黄河口大米即可满足味蕾，不需要多余的配菜；如果是顶级的黄河口食味米，最好的食用办法是完全不用配菜，配菜吃反而降低米饭带来的享受。当然在生活中完全不必如此较真，可以米菜同吃，但尽量不要用菜汁盖浇米饭——那样会遮盖乃至破坏大米本具的风味，之前为蒸出一碗好饭的用心全都浪费了。

先不要着急品尝，让我们先"闻其香，观其色"。优质食味米蒸出的米饭，会有自然的米香，根据品种的不同，香味有浓淡差异，但都跟生米的香味相和谐，而且"在合理范围内"。那种一蒸饭"满楼道都香"的所谓好大米，很可能加了"灵魂放大器"。

好大米不管生米时的颜色是"白亮"还是"暗哑"，蒸熟后都会呈现油亮的光泽。记住，顶级的食味米蒸出的米饭有一种让人看了心情愉悦的"光泽感"，富有光泽的同时，米粒分明但又抱团，筷子一拨即可打散。相反的，劣等米做出的米饭缺少光泽，看起来是那种"充满干燥感的白色"，要么成了黏糊糊的一团，很容易用铲子切割成"方块"；要么是粒粒独立，干涩硬挺。

端起一碗好米饭，自然的米香味会首先闯入鼻腔。紧致的米饭团送入口中会一下子散开，每一粒米粒都争先恐后的讨好你的味蕾，不粘牙也不让舌尖感到干散。咀嚼的时候，柔软中带弹性，滋润中带爽滑，米粒就像在你口腔的方寸间舞蹈一样，并在舌齿之间释放甜味和香味，你能明显的感觉到这种香气是从口腔里传入鼻腔的，让人心旷神怡。经过咀嚼，柔滑的米饭与其说是吞咽下去的，不如说是从口腔"滑"进食道的。

如果是劣质米，用筷子夹的时候已经让人不悦，要么粘成一团，都可以用筷子"插起来"；要么又干又散，得用勺子吃才行。入口后，要么毫无嚼劲，要么过于筋实骨硬，但都有明显的颗粒感，感觉像软化的甘蔗渣一样嚼不干净，对咽喉也有一种不友好的刺激。至于香味和甜味就更无从谈起了，米饭咀嚼时会有一个明显的变味过程，而且咽下后唇齿间的余味让人不悦，不愿继续品味。

你看，蒸米饭费了那么多工夫，从淘米到蒸熟要一个钟头，而品尝第一口只要五秒钟。人间好多美好的事，都是如此。如果你爱吃米饭，尽量选好一点的吧，用心淘米，用心烹饪，释放大米灵魂深处的香气，也打开你和家人的美好时光。

后 记

报不完的国土恩，说不尽的黄河情。黄河是华夏族的母亲河，千百万年来哺育滋养着万物子民。黄河尽头抚逝水，渤海面前观潮汐，遥想古今，俯瞰大地，万千情愫不觉涌上心头，并通过一粒稻米得以升华，《登峰稻极：黄河口稻作文化》由此而成。

农业是国家根本大计，粮食事关国家安全。本书从黄河口稻作的角度切入，纵贯神话起源、历史文化、国学经典、耕作常识等诸多领域，希望种下一粒"农学种子"，激起新一代年轻人对农学的兴趣和热忱。

今天，黄河口水稻已是东营这块共和国最年轻的土地上最具人文符号的作品，具有不可替代的优越性、独特性与稀缺性。作者怀着敬畏之心，力图将黄河口稻作的地域风貌融于笔端，呈现给读者。困于学浅识薄，书中难免出现纰漏与不妥之处，恳请博雅之士批评指正并提出宝贵意见。

本书的撰写得到了东营市一邦农业科技开发有限公司的大力支持，得到了周红、张玉珍、张茂林、王艳、赵逸之、侯红艳、王沙沙、董晓亮、赵磊等诸多师友的帮扶，成书过程中查阅参考了大量书籍文献，其作者不再一一具名，在此一并深表谢意。

作 者

二〇二〇年四月

参考文献

东营市农业志编委会, 2004. 东营市农业志 ［M］. 北京：中华书局.

田青云, 2010. 沧海桑田话东营 ［M］. 北京：五洲传播出版社.

游修龄, 1995. 中国稻作史 ［M］. 北京：中国农业出版社.

林亲录, 吴跃, 王青云, 2015. 稻谷及副产物加工和利用 ［M］. 北京：科学出版社.

阮少兰, 刘洁, 2019. 稻谷加工工艺与设备 ［M］. 北京：中国轻工业出版社.

林亲录, 吴伟, 丁玉琴, 等, 2014. 稻谷品质与商品化处理 ［M］. 北京：科学出版社.

全国农业技术推广服务中心, 2018. 稻田农药科学使用技术指南 ［M］. 北京：中国农业
    出版社.

栾加芹, 宫锦汝, 2014. 大米比药好 ［M］. 南昌：江西科学技术出版社.

朱德峰, 张玉屏, 2019. 图说水稻生长异常及诊治 ［M］. 北京：中国农业出版社.

许林, 王永锋, 于国锋, 2016. 水稻规模生产与管理 ［M］. 北京：中国林业出版社.

杜相革, 王慧敏, 王瑞刚, 2002. 有机农业原理和种植技术. 北京：中国农业大学出版社.

娄金华, 苗兴武, 2016. 水稻栽培技术 ［M］. 北京：中国石油大学出版社.

傅强, 黄世文, 2019. 图说水稻病虫害诊断与防治 ［M］. 北京：机械工业出版社.

李刚华, 杨从党, 2019. 水稻超高产精确定量栽培技术设计与实践 ［M］. 北京：中国农
    业出版社.

袁隆平, 米铁柱, 刘日辉, 等, 2019. 稻米食味品质研究 ［M］. 济南：山东科学技术出
    版社.

管彦波，2015.云南稻作源流史［M］.北京：中国社会科学出版社．

李小坤，2016.水稻一次性施肥技术［M］.北京：中国农业出版社．

焦雯珺，杜振东，闵庆文，2017.北京京西稻作文化系统.北京：中国农业出版社，农村读物出版社．

陈报章，徐州师范大学，中国栽培稻究竟起源于何时何地——对河南贾湖遗址发现8000年前栽培稻遗存的思考．

孔子等，陈小辉注，2015.诗经译注［M］.北京：商务印书馆．

【美】斯瑞·欧文，王莉莉（译），2008.我爱大米——大米健康食用手册.北京：东方出版社．

【美】尼莎·卡托纳，牟超（译），2019.大米的盛宴［M］.青岛：青岛出版社．

【美】大贯惠美子，石峰（译），2015.作为自我的稻米：日本人穿越时间的身份认同［M］.杭州：浙江大学出版社．

【日】加岳井之，林真美（译），2018.跟饭团一起插秧［M］.北京：北京联合出版社．

【韩】地球孩子，金钟道，千太阳（译），2014.大米是怎么种出来的［M］.北京：北方妇女儿童出版社．